Metodologia do ensino
de ciências biológicas
e da natureza

O selo DIALÓGICA da Editora InterSaberes faz referência às publicações que privilegiam uma linguagem na qual o autor dialoga com o leitor por meio de recursos textuais e visuais, o que torna o conteúdo muito mais dinâmico. São livros que criam um ambiente de interação com o leitor – seu universo cultural, social e de elaboração de conhecimentos –, possibilitando um real processo de interlocução para que a comunicação se efetive.

EDITORA
InterSaberes

Diane Lucia de Paula Armstrong
Liane Maria Vargas Barboza

# Metodologia do ensino de ciências biológicas e da natureza

Informamos que é de inteira responsabilidade das autoras a emissão de conceitos. Nenhuma parte desta publicação poderá ser reproduzida por qualquer meio ou forma sem a prévia autorização da Editora InterSaberes. A violação dos direitos autorais é crime estabelecido na Lei nº 9.610/1998 e punido pelo art. 184 do Código Penal.

1ª edição, 2012
Foi feito o depósito legal.

**Lindsay Azambuja**
EDITORA-CHEFE

**Ariadne Nunes Wenger**
SUPERVISORA EDITORIAL

**Ariel Martins**
ANALISTA EDITORIAL

**Keila Nunes Moreira**
PREPARAÇÃO DE ORIGINAIS

**Regiane Rosa**
PROJETO GRÁFICO

**Denis Kaio Tanaami**
CAPA

**Danielle Scholtz**
ICONOGRAFIA

**Karen Giraldi – Estúdio Leite Quente**
ILUSTRAÇÃO DA CAPA

---

Dados Internacionais de Catalogação na Publicação (CIP)
(Câmara Brasileira do Livro, SP, Brasil)

Armstrong, Diane Lucia de Paula
Metodologia do ensino de ciências biológicas e da natureza / Diane Lucia de Paula Armstrong, Liane Maria Vargas Barboza. – Curitiba: InterSaberes, 2012. (Série Metodologias).

Bibliografia.
ISBN 978-85-8212-194-8

1. Ciências biológicas – Estudo e ensino – Metodologia 2. Ciências naturais – Estudo e ensino – Metodologia I. Barboza, Liane Maria Vargas II. Título. III. Série.

12-08633            CDD-507

Índices para catálogo sistemático:
1. Ciências: Estudo e ensino: Metodologia 507

---

EDITORA
**intersaberes**

Rua Clara Vendramin, 58 . Mossunguê
CEP 81200-170 . Curitiba . PR . Brasil
Fone: (41) 2106-4170
www.intersaberes.com
editora@editoraintersaberes.com.br

CONSELHO EDITORIAL
DR. IVO JOSÉ BOTH (PRESIDENTE)
DRª ELENA GODOY
DR. NELSON LUÍS DIAS
DR. NERI DOS SANTOS
DR. ULF GREGOR BARANOW

Apresentação, vii

Organização didático-pedagógica, xi

Introdução, xv

## um
Senso comum e conhecimento científico, 20

1.1 Fundamentos da ciência, 22

1.2 Conhecimentos do senso comum e formação de conceitos, 35

1.3 Iniciação ao conhecimento científico, 44

## dois
Conteúdos das ciências da natureza no ensino fundamental, 64

2.1 Ciências naturais no ensino fundamental, 66

2.2 Conteúdos do ensino de ciências naturais nas séries iniciais do ensino fundamental: ambiente, ser humano e saúde, recursos tecnológicos, Terra e Universo, 81

2.3 Relação entre os conteúdos e as diferentes ciências: astronomia, biologia, física, geociências e química, 87

## três

Princípios de sistematização do ensino de ciências: do método científico ao método de ensino, 110

3.1 Metodologia de ensino, 112

3.2 Método científico, 119

3.3 Método de ensino, 123

3.4 Implicações pedagógicas que envolvem o método de investigação científica e a produção do conhecimento, 131

## quatro

Planejamento e organização de atividades: textos, livros didáticos, atividades de campo e recursos tecnológicos, 158

4.1 Planejamento de ensino, 160

4.2 A organização de atividades e os recursos didáticos, 167

4.3 Processos avaliativos, 177

Considerações finais, 203

Referências, 207

Bibliografia comentada, 219

Respostas, 223

Sobre as autoras, 229

# apresentação...

Nos dias atuais, com a evolução do conhecimento científico diante das outras formas de conhecimento e as implicações devidas a esse desenvolvimento, o ensino de Ciências tem se voltado para a busca de alternativas metodológicas que promovam a aprendizagem científica de uma forma mais dinâmica e modernizada.

Com isso, percebemos uma grande preocupação quanto à metodologia a ser adotada pelo professor – pois é na sala de aula que se dá o desenvolvimento do conhecimento –, tendo em vista que, nesse momento, o aluno deverá encontrar um ambiente propício para agregar seus conhecimentos, adquiridos ao longo do tempo, àqueles que serão transmitidos pelo professor.

O foco principal desta obra é o conhecimento de metodologias do ensino de ciências da natureza, considerando-se que a metodologia, como instrumento educacional, visa contribuir com as práticas pedagógicas do professor, promovendo, assim, a aprendizagem do aluno.

Nesse sentido, temos como proposta, além de apresentar os conhecimentos peculiares à disciplina de Ciências nas séries iniciais e às áreas do ensino de ciências naturais com ênfase na disciplina de Ciências Biológicas, possibilitar o conhecimento dos conteúdos teórico-metodológicos que se fazem necessários à construção do conhecimento, bem como recursos didáticos que favoreçam o trabalho dos docentes que atuam nessas áreas.

Pretendemos, ainda, auxiliar na compreensão de conceitos que fundamentam as metodologias e práticas estabelecidas durante o processo de ensino-aprendizagem nas disciplinas que compõem as áreas já citadas, além de apresentar conceitos fundamentais sobre métodos e técnicas de ensino para a produção e a aprendizagem do conhecimento científico.

Os temas abordados e discutidos nesta obra procuram fornecer informações para auxiliar a todos os que estão ingressando na área de ciências biológicas e da natureza, bem como os docentes que já atuam nela.

Com essa finalidade, a obra está organizada em quatro capítulos, estruturados de modo que o conteúdo teórico abordado leve a uma interpretação concisa e gradual sobre o assunto, por meio de uma linguagem clara e didática.

No primeiro capítulo, apresentamos os aspectos fundamentais acerca da ciência, seus métodos, sua classificação e quais as características peculiares a cada área das ciências da natureza, além de tratarmos sobre os fundamentos do conhecimento do senso comum para a formação de conceitos. Ainda nesse capítulo, caracterizamos o conhecimento científico, contextualizando o seu fortalecimento diante do conhecimento comum, bem como demonstrando a relação entre essas duas formas de conhecimento, os aspectos fundamentais que as contrapõem e os conceitos que levam ao seu entendimento.

No segundo capítulo, tratamos sobre o ensino de ciências naturais no ensino fundamental, apresentando os conteúdos do ensino de Ciências nas séries iniciais do ensino fundamental, bem como a relação entre esses conteúdos e as diferentes ciências.

O terceiro capítulo será dedicado aos princípios de sistematização do ensino de Ciências, que se estendem do método científico ao método de ensino utilizado em sala de aula para o desenvolvimento do conhecimento científico. Nesse capítulo, analisamos os conceitos de metodologia do ensino e de métodos de ensino e os princípios do método científico, além das implicações pedagógicas para o método de investigação científica e a produção do conhecimento.

Por fim, no quarto capítulo, tratamos do planejamento e da organização de atividades por meio de textos, livros didáticos, atividades de campo e recursos tecnológicos, abordando ainda os processos avaliativos como instrumentos que auxiliam o processo de ensino-aprendizagem.

Todos os capítulos trazem um texto de abertura, no qual são apresentados os conteúdos que ali serão tratados. No final dos capítulos, você encontra uma síntese dos assuntos abordados. Posteriormente, são apresentadas indicações culturais de livros, filmes ou outros materiais relacionados ao tema do capítulo. Na sequência, o leitor pode testar seus conhecimentos por meio de questões de autoavaliação, cuja finalidade é a revisão dos conceitos propostos no capítulo, seguindo-se uma seção de questões para reflexão, as quais têm por objetivo promover um estudo mais aprofundado do assunto. Por fim, são sugeridas atividades práticas que visam promover o aprendizado e a articulação entre a teoria e a prática do seu cotidiano.

Desejamos que esta obra possa contribuir para o aprendizado e a assimilação dos conceitos referentes ao desenvolvimento de novas metodologias de ensino.

# organização didático-pedagógica

Esta seção tem a finalidade de apresentar os recursos de aprendizagem utilizados no decorrer da obra, de modo a evidenciar quais aspectos didático-pedagógicos nortearam o planejamento do material e como o aluno/leitor pode tirar o melhor proveito dos conteúdos para seu aprendizado.

## Introdução do capítulo

*Logo na abertura do capítulo, você é informado a respeito dos conteúdos que nele serão abordados, bem como dos objetivos que o autor pretende alcançar.*

## Síntese

*Você conta, nesta seção, com um recurso que o instigará a fazer uma reflexão sobre os conteúdos estudados, de modo a contribuir para que as conclusões a que você chegou sejam reafirmadas ou redefinidas.*

## Indicações culturais

*Ao final do capítulo, o autor oferece algumas indicações de livros, filmes ou sites que podem ajudá-lo a refletir sobre os conteúdos estudados e permitir o aprofundamento em seu processo de aprendizagem.*

## Pare e pense

*Aqui você encontra reflexões que fazem um convite à leitura, acompanhadas de uma análise sobre o assunto.*

## Atenção!

*Algumas das informações mais importantes da obra aparecem nestes boxes. Aproveite para fazer sua própria reflexão sobre os conteúdos apresentados.*

## Simplificando

*Algumas ideias apresentadas na obra são aqui abordadas de forma mais sintética, a fim de ajudá-lo no entendimento do assunto*

## Atividades de autoavaliação

*Com estas questões objetivas, você tem a oportunidade de verificar o grau de assimilação dos conceitos examinados, motivando-se a progredir em seus estudos e a preparar-se para outras atividades avaliativas.*

## Atividades de aprendizagem

*Aqui você dispõe de questões cujo objetivo é levá-lo a analisar criticamente um determinado assunto e aproximar conhecimentos teóricos e práticos.*

## Bibliografia comentada

*Nesta seção, você encontra comentários acerca de algumas obras de referência para o estudo dos temas examinados.*

# introdução...

Atualmente, vivenciamos momentos de grandes mudanças, em que a ciência se faz presente em muitas situações do nosso dia a dia, seja nas descobertas científicas que facilitam e melhoram nossa qualidade de vida e que são fundamentais para a sobrevivência da humanidade, seja nas descobertas que trazem consequências desastrosas ao meio ambiente e aos que nele vivem.

Diante de todas essas transformações, progressos e descobertas que ocorrem no âmbito da ciência está o aluno, que anseia por compreender e descobrir o mundo que o cerca e quer se relacionar com esse processo de transformação de modo ativo e participativo.

Surge, então, a educação escolar como um meio de esse aluno acompanhar o avanço tecnológico e científico, mediante a aprendizagem e a utilização dos conhecimentos das ciências da natureza, para que possa compreender esse avanço e participar dele.

Em decorrência da importância do conhecimento científico nos dias atuais, faz-se necessário que o professor conduza suas aulas de maneira que o aluno se aproprie desse conhecimento, compreendendo a relação deste com sua vida cotidiana.

Espera-se, assim, que a apropriação do conhecimento científico possa contribuir para tornar o aluno um sujeito questionador e crítico, no que se refere às implicações da ciência e da tecnologia em sua vida diária, de modo que tenha o bom senso de usar as descobertas científicas de forma racional e equilibrada.

Nesses termos, o entendimento dos conceitos científicos irá permitir que, por meio da interpretação científica dos fatos que ocorrem a sua volta, o aluno tenha argumentos para refletir conscientemente sobre os benefícios que o emprego da ciência traz para a sociedade atual e os malefícios causados por ela.

Considerando que a formação do aluno decorre da educação e que esta deve atender suas necessidades pessoais e sociais, podemos dizer que as metodologias aplicadas pelo professor em sala de aula devem ser repensadas, com o propósito de contemplar as reais necessidades desse aluno.

A proposta de um ensino com novas metodologias na área das ciências da natureza tem como principal objetivo promover a interação do aluno com os conteúdos ensinados e com as experiências do seu cotidiano, haja vista que o progresso intelectual desse aluno é alcançado de forma significativa pelos meios didáticos da educação.

A metodologia adotada deverá ser a mais adequada possível, no que diz respeito ao assunto que está sendo estudado, de modo que venha a atender as necessidades do professor que atua na área de ciências naturais, tendo como foco a articulação entre a teoria e a prática das disciplinas que compõem essa área, com vistas a desenvolver o raciocínio lógico do aluno.

Com o objetivo de tornar mais enriquecedor o exercício pedagógico do professor, esperamos que este material sirva como apoio para a reflexão sobre a prática utilizada no planejamento de suas aulas e que possibilite a busca por novas estratégias e metodologias para serem aplicadas na atividade educacional.

Um...

# Senso comum e conhecimento científico

Neste capítulo, apresentaremos os fundamentos que caracterizam a ciência como forma de conhecimento, indicando como é definida e classificada, bem como os aspectos que distinguem as várias ciências existentes e qual o objeto de estudo das ciências que compõem o grupo das **ciências da natureza**.

Também abordaremos a formação dos conceitos baseados no conhecimento do senso comum e como essas noções espontâneas, adquiridas das experiências cotidianas do aluno, interagem com os conceitos científicos adquiridos em sala de aula, tendo em vista a importância de relacionar a metodologia de ensino de ciências com os conhecimentos prévios que os alunos possuem dos conceitos científicos e com os conhecimentos do senso comum.

Com base nesses pressupostos, daremos início aos fundamentos do conhecimento científico, demonstrando sua relação com o conhecimento do senso comum e como esses dois conhecimentos estão ligados, apesar de possuírem diferentes interpretações acerca de um mesmo fenômeno.

Desse modo, este capítulo apresentará as implicações da construção do conhecimento científico para o trabalho em sala de aula, as características referentes ao modo como o conhecimento se realiza em nosso meio, bem como o fortalecimento do conhecimento científico diante de outras formas de conhecimento.

Sendo assim, o objetivo aqui é mostrar a você as características do conhecimento científico e do conhecimento do cotidiano e as diferenças pertinentes a essas duas formas de conhecimento quando aplicadas no ensino de ciências, dando ênfase ao ensino das ciências naturais.

## 1.1 FUNDAMENTOS DA CIÊNCIA

Por ser a ciência um processo que está em constante transformação, e em razão de a sociedade atual estar fortemente marcada pelo acúmulo de informações decorrentes dos avanços tecnológicos e científicos, nos últimos anos o ensino de ciências biológicas e da natureza tem passado por muitas mudanças.

Essa evolução científica influenciou muitos setores da sociedade atual e ainda influencia. Por esse motivo, no ensino de ciências, fez-se necessário aperfeiçoar as condições para a formação científica do aluno, a fim de que este possa compreender os aspectos histórico-culturais da sociedade na qual está inserido, bem como acompanhar tais avanços promovidos pela ciência.

Contudo, quando falamos em *ensino de ciências*, é preciso, primeiramente, esclarecer o significado de *ciência*.

Na concepção de Souza (1995, p. 59), a *ciência* "é uma das formas de conhecimento que o homem produziu no transcurso de sua história, com o intuito de entender e explicar racional e objetivamente o mundo para nele poder intervir".

> Em busca da demonstração da verdade dos fatos e de suas relações de causa e efeito, a ciência se desenvolveu, e se desenvolve, por um processo em constante evolução que se apoia em fatos observáveis e concretos, sendo a experimentação o principal meio de se chegar aos seus resultados.

Segundo Oliveira (1997), a ciência tem como principal função o aperfeiçoamento do conhecimento em todas as áreas para tornar a existência humana mais significativa, já que, na visão de Ruiz (2008), ela começa pela observação das coisas e termina pela demonstração de suas causas.

Por meio de seus métodos experimentais, essa ciência tem permitido enormes avanços em diversos setores da sociedade, como na produção de novos materiais, que poderão ser utilizados na engenharia, nas indústrias têxtil e alimentícia, na produção de cosméticos e perfumes, na geração de novas formas de energia e até em medicamentos.

Diante dos avanços tecnológicos que invadem o mundo que nos cerca, é fácil compreendermos a importância da ciência para a vida da humanidade como um todo, estando também envolvida na formação de atitudes e de valores humanos.

> **Pare e pense**
> Pelo que vimos até agora, como podemos conceituar **ciência**?

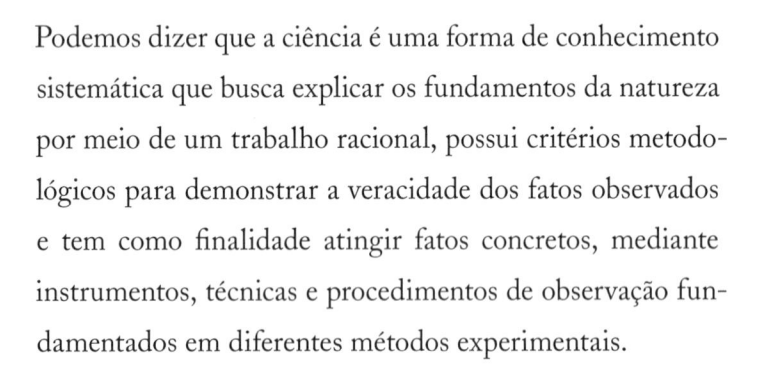

Podemos dizer que a ciência é uma forma de conhecimento sistemática que busca explicar os fundamentos da natureza por meio de um trabalho racional, possui critérios metodológicos para demonstrar a veracidade dos fatos observados e tem como finalidade atingir fatos concretos, mediante instrumentos, técnicas e procedimentos de observação fundamentados em diferentes métodos experimentais.

No entanto, a compreensão e a interpretação do conceito de ciência são dois aspectos muito discutidos. Sobre essa dificuldade de conceituar e compreender o que é ciência, Marconi e Lakatos (2000, p. 23) entendem que

> *desses conceitos emana a característica de apresentar-se a ciência como um pensamento racional, objetivo, lógico e confiável, ter como particularidade o ser sistemático, exato e falível, ou seja, não final e definitivo, pois deve ser verificável, isto é, submetido à experimentação para a comprovação de seus enunciados e hipóteses, procurando-se as relações*

*causais; destaca-se, também, a importância da metodologia que, em última análise, determinará a própria possibilidade de experimentação.*

De acordo com Chaui (2001), *ciência*, no singular, refere-se a um modo e a um ideal de conhecimento, enquanto *ciências*, no plural, refere-se às diferentes maneiras de realização do ideal de cientificidade, segundo os diferentes fatos investigados e os diferentes métodos e tecnologias empregados.

Assim, diversas ciências surgiram – entre elas as humanas, as naturais, as sociais, as biológicas, as exatas, as matemáticas, as ambientais –, tendo cada uma delas objetos e referenciais metodológicos específicos. Assim, cada uma das diferentes formas de ciências se especializou em um campo de estudo, utilizando um método que fosse mais apropriado para sua área, de modo que cada uma pudesse atender a uma dada necessidade humana.

Nesse sentido, segundo os Parâmetros Curriculares Nacionais (PCN) do ensino médio,

> *cada ciência particular possui um código intrínseco, uma lógica interna, métodos próprios de investigação, que se expressam nas teorias, nos modelos construídos para interpretar os fenômenos que se propõe a explicar. Apropriar-se desses códigos, dos conceitos e métodos relacionados a cada uma das ciências, compreender a relação entre ciência,*

> *tecnologia e sociedade, significa ampliar as possibilidades de compreensão e participação efetiva desse mundo.* (Brasil, 1999, p. 219)

Por sua vez, a necessidade de distinguir as características comuns de cada ciência, aliadas à necessidade de uma ordenação quanto ao objeto de estudo e às metodologias empregadas, acarretou na proposta de que uma classificação para *ciências* fosse estabelecida.

### Pare e pense
Notou como se tornou complicado fazer uma classificação para os vários campos de ciências existentes nos dias atuais?

Isso acontece porque, com o passar dos anos, as ciências se modificam, uma vez que vão se inter-relacionando e, com isso, dando origem a novas ciências. Nesse ínterim, podemos dizer que tais classificações acabam sendo provisórias, tendo em vista essa constante transformação das ciências.

Apesar disso, entre outras classificações propostas, podemos citar a adotada pelas autoras Marconi e Lakatos (2000), as quais apresentam as ciências divididas conforme a Figura 1.1.

> De acordo com as autoras citadas anteriormente, **as ciências formais se referem ao estudo das ideias, enquanto as ciências factuais, ao estudo dos fatos.**

## FIGURA 1.1 – CLASSIFICAÇÃO DAS CIÊNCIAS

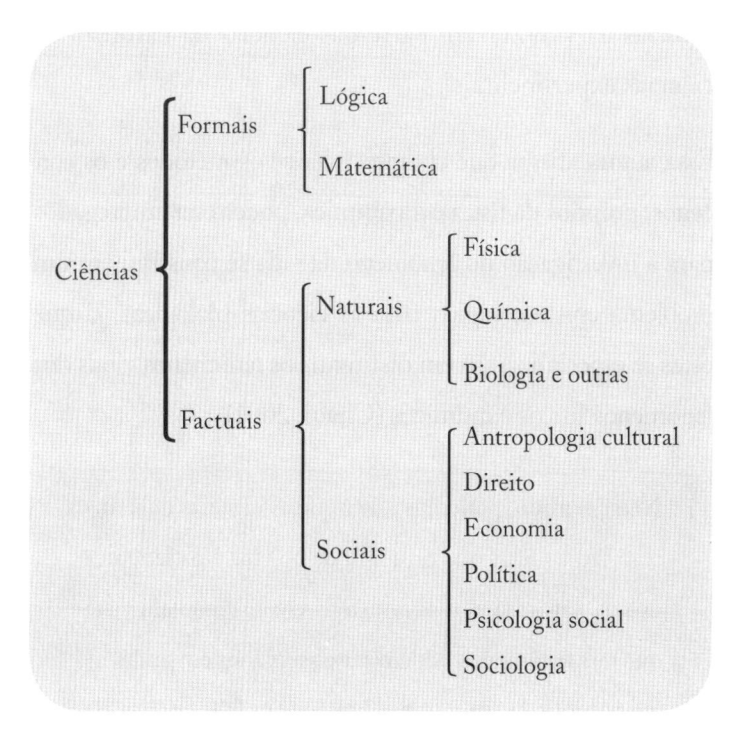

Ciências
- Formais
  - Lógica
  - Matemática
- Factuais
  - Naturais
    - Física
    - Química
    - Biologia e outras
  - Sociais
    - Antropologia cultural
    - Direito
    - Economia
    - Política
    - Psicologia social
    - Sociologia

Fonte: Marconi; Lakatos, 2000, p. 28.

Em outras palavras, as ciências formais (compostas pela lógica e pela matemática) constroem seus próprios objetos de estudo, preocupando-se com demonstração de enunciados, números, símbolos e teoremas; as ciências factuais (compostas, entre outras, por física, química, biologia e sociologia) estudam os fatos que ocorrem ao nosso redor, seus significados e os processos pelos quais se desenvolvem, tendo como método de estudo a observação e/ou a experimentação.

Apesar das diferentes classificações dadas à ciência, o enfoque deste livro será para as áreas das ciências biológicas e da natureza, ressaltando-se, segundo Chaui (2001, p. 267), que "as ciências biológicas (*bios*, em grego, significa "vida"), ou ciências da vida, fazem parte das ciências da natureza ou ciências experimentais".

Essa autora afirma que compreender se os métodos e os conceitos, próprios da física e da química, podem ser empregados para a investigação do fenômeno da vida se constitui em um problema epistemológico para as ciências biológicas, já que estas se especializaram em distinguir os fenômenos vitais dos fenômenos físicos e químicos (Chaui, 2001).

> Nesse sentido, podemos dizer que as ciências da natureza são aquelas que estudam os objetos e os fenômenos da natureza e os organismos vivos, tendo em vista que tais fenômenos podem ser observados em ambientes naturais ou, então, produzidos em laboratórios de pesquisa.

A física, a química e a biologia são consideradas ciências da natureza e, ainda que apresentem uma mesma metodologia para estudar os fenômenos, com a fragmentação do saber, cada uma dessas ciências se especializou em um objeto de estudo, tendo como foco determinados aspectos sobre o que está sendo estudado. Nesse contexto, podemos afirmar:

› **Química**: é a ciência que estuda a matéria, sua estrutura, sua composição e as transformações que nela ocorrem.

› **Física**: é a ciência que estuda as leis que regem os fenômenos naturais.

> **Biologia ou ciências biológicas**: é a ciência que estuda os seres vivos e os mecanismos que regulam suas atividades vitais, sua evolução, sua origem, bem como sua relação com o meio em que vivem.

Os PCN (Brasil, 1999) propõem que o educando deve se apropriar dos conhecimentos das ciências da natureza – compostas pela física, pela química e pela biologia – e aplicar esses conhecimentos para explicar o funcionamento do mundo natural e para planejar, executar e avaliar ações de intervenção na realidade natural.

**Pare e pense**
Mas de que forma isso pode tornar-se realidade?

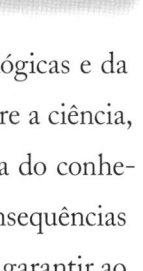

Para que isso aconteça, o ensino de ciências biológicas e da natureza necessita enfocar a relação existente entre a ciência, a tecnologia e a sociedade, abordando a natureza do conhecimento científico, o uso da tecnologia e suas consequências na realidade cotidiana das pessoas, no sentido de garantir ao aluno o acesso à informação necessária para que exerça cada vez mais uma participação ativa no seu meio social.

No processo de ensino-aprendizagem das ciências biológicas e da natureza, é necessário compreendermos, ainda, que cada ciência possui métodos próprios de investigação e de explicação para os fenômenos que ocorrem ao seu redor e no que se refere aos conteúdos estudados pelos diferentes ramos da ciência. Sobre essa questão, Kuenzer (2008, p. 35) afirma que

> *a seleção e a organização dos conteúdos sempre foi regida [sic] por uma concepção positivista da ciência, fundamentada na lógica formal, onde [sic] cada objeto do conhecimento origina uma especialidade que desenvolve sua própria epistemologia e se automatiza, quer das demais especialidades, quer das relações sociais e produtivas concretas. Concebidos desta forma, os diferentes ramos da ciência deram origem a propostas curriculares que organizam rigidamente as áreas de conteúdo, tanto no que diz respeito à seleção dos assuntos quanto ao seu sequenciamento, intra e extradisciplinas.*

Nesse sentido, o ensino das ciências naturais deve permitir que o aluno se aproprie dos processos de produção do conhecimento científico e do conhecimento que envolve a ciência e a tecnologia, bem como de suas implicações na sociedade.

Segundo Delizoicov e Angotti (1990), o processo de ensino-aprendizagem de ciências deve se nortear pela capacidade de instrumentalizar o aluno a fim de que ele compreenda a realidade em que está inserido, possibilitando-lhe uma atuação consciente sobre ela.

Pelo exposto anteriormente, é possível compreendermos que as atribuições do educador como intermediário do processo de construção do conhecimento científico devem ser repensadas, de modo que ele possa refletir sobre as ações pedagógicas e se reorganizar no sentido de possibilitar ao aluno construir os conceitos científicos dentro de cada disciplina.

> Em razão disso, é cada vez maior a necessidade do desenvolvimento de metodologias inovadoras que auxiliem a prática pedagógica do professor de Ciências, tendo em vista que, muitas vezes, as metodologias utilizadas em sala de aula nem sempre promovem a efetiva construção do conhe-cimento por parte do aluno.

Essa necessidade de inovar as metodologias em sala de aula decorre do fato de esse procedimento possibilitar que o aluno adquira conhecimentos que o façam compreender fatos do mundo físico e social em que vive, bem como construir um conhecimento que possa expandir seus limites explicativos, visto que muitas atividades e atitudes humanas podem ser esclarecidas por meio do conhecimento científico.

Com o intuito de dinamizar e tornar mais significativa a aprendizagem das ciências naturais, cabe ao professor apontar caminhos para que o aluno possa construir conceitos que o levem a compreender o mundo à sua volta e as transformações que nele ocorrem.

Assim, sendo a ciência caracterizada como uma construção humana, devemos reconhecer que, ao fazermos ciência, desenvolvemos um processo de representação da realidade em que predominam acordos simbólicos e linguísticos (Giordan, 1999), haja vista que as diversas áreas especializadas das disciplinas científicas devem se apropriar de tais acordos simbólicos e linguísticos para representarem seu objeto de estudo.

Com efeito, no âmbito do ensino das ciências naturais, se a Química, a Física e a Biologia se apropriam de linguagem e simbologias próprias para estudarem e explicarem um determinado aspecto do fenômeno observado, podemos inferir que a compreensão e a interpretação de um mesmo fenômeno pode ocorrer de diferentes formas.

Assim, quanto ao modo de interpretar um mesmo fenômeno, podemos observar o seguinte:

> O ensino da Química permite a compreensão dos fenômenos naturais e da composição dos materiais que fazem parte do mundo em que vivemos, suas propriedades e transformações, bem como a realização de operações básicas de laboratório.

> O ensino da Biologia permite a compreensão do ser vivo e do mecanismo que regula suas atividades vitais, o respeito pela vida e a integração das diferentes espécies com o ambiente em que vivem.

> O ensino da Física permite a compreensão do movimento dos corpos e dos princípios que possibilitem interpretar fatos e fenômenos, além do entendimento de como funciona o mundo físico, os equipamentos e os processos envolvidos no seu funcionamento.

Desse modo, o aprendizado das ciências Química, Física e Biologia deve abranger o entendimento de que, além de apresentar métodos diferenciados para esclarecer os fenômenos que nos cercam, envolve também princípios teórico-metodológicos diferenciados e que tais princípios estão sujeitos a transformações e a reestruturações dentro do contexto dinâmico em que está inserido o método científico.

> No caso do ensino de ciências naturais, podemos dizer que cada ciência que compõe essa área do conhecimento objetiva formar um aluno capaz de se apropriar dos conhecimentos científicos para explicar os fatos do seu cotidiano.

Cabe-nos ressaltar que os conteúdos ministrados adquirem significância quando o aluno os compreende por meio da relação com o seu conhecimento prévio.

Perceba então que, ao ensinar ciências naturais, é necessário que os conteúdos pertinentes a essa área de ensino não sejam repassados como mera repetição de informações, mas que sejam estruturados respeitando os conhecimentos prévios e as experiências vivenciadas pelo aluno.

Para tanto, o ensino dessas ciências deve, inicialmente, explicar a teoria e, em seguida, por meio de experimentos, demonstrar a relação entre teoria e prática, bem como sua aplicação na realidade do aluno, evidenciando em quais situações do cotidiano deste o ensino dessa ciência é observada.

As atividades experimentais, que podem ser realizadas individualmente ou em grupo, são fundamentais no ensino das ciências, pois, por meio dessa prática, o aluno é estimulado a fazer observações, comprová-las e tirar conclusões a respeito do fato observado.

Decorre daí que as aulas experimentais – realizadas tanto em sala de aula quanto em outro ambiente apropriado – são essenciais para despertar o interesse do aluno pelos conceitos científicos, tornando-os, dessa forma, verdadeiros e concretos.

Desse modo, como você pôde observar, o ensino de ciências irá promover mudanças conceituais, pois, ao estudar os conteúdos da disciplina de Ciências, o aluno terá a oportunidade de compreender e de discutir os conceitos científicos que foram apresentados em sala de aula, bem como refletir sobre eles – os quais podem divergir dos conceitos adquiridos ao longo do tempo por ele.

## Simplificando

Em síntese, podemos dizer que, em uma sociedade dominada pela ciência e pela tecnologia, o ensino de ciências tem como característica principal o fato de possibilitar ao aluno a aquisição de conhecimentos e de novas concepções adquiridas no processo de ensino-aprendizagem, que lhe darão a oportunidade de participar dos desafios do cotidiano como um cidadão ativo.

Agora, vamos verificar como se dá a aquisição dos conhecimentos do senso comum e os conceitos por ele produzidos.

## 1.2 CONHECIMENTOS DO SENSO COMUM E FORMAÇÃO DE CONCEITOS

Ao longo do tempo, o homem buscou respostas para tentar entender a si mesmo e explicar a realidade que o cerca. Com isso, foi acumulando diversos conhecimentos, os quais permitiram que ele pudesse atuar nas mais diversas áreas da realidade.

Nesse sentido, podemos dizer que todas as formas de representação encontradas pelo homem para explicar a realidade, entender a si mesmo e interpretar o mundo e tudo o que ocorre ao seu redor recebem o nome de *conhecimento*.

> **Pare e pense**
> Você sabia que uma das principais características do homem é o anseio pela aprendizagem?

Levando essa característica em consideração, podemos dizer que o homem, ao longo da sua vida, foi adquirindo o conhecimento necessário à sua sobrevivência, e esse conhecimento o tornou capaz de interpretar suas observações e de questioná-las.

Além disso, pelo conhecimento adquirido e construído ao longo do tempo, o homem se tornou um ser diferente dos demais, sendo capaz de criar e de transformar um conhecimento de modo a compreender o significado e a função das coisas, bem como a prever situações.

> Dessa forma, movido por suas necessidades pessoais, o homem criou um modo de buscar a veracidade e o significado das coisas. Nessa busca, o saber foi se manifestando e, por conseguinte, o conhecimento sendo produzido.

Nesses termos, Oliveira Netto (2006, p. 3) considera o conhecimento o "acúmulo de informações de cunho intelectual, como o domínio (teórico ou prático) acerca de um assunto, científico ou não". Esse acúmulo de informações citado pelo autor, denominado de *conhecimento*, nasce das observações e das interpretações que fazemos de nossas experiências cotidianas, permitindo-nos construir conceitos que nos levam a compreender uma dada realidade.

Assim, veja que "o pensamento empírico, derivado direto da atividade sensorial do homem sobre os objetos da realidade, é, indiscutivelmente, a forma primária de pensamento, que leva ao conhecimento do imediato da realidade" (Abrantes; Martins, 2007, p. 316).

**Pare e pense**
Você sabe qual é a forma mais usual do conhecimento humano?

Com base no que foi exposto até aqui, podemos dizer que **a forma mais usual do conhecimento humano é o conhecimento não científico**, que emerge das experiências vividas no dia a dia, adquirido no trato direto com as coisas e baseado no senso comum.

> **Pare e pense**
> Mas o que é o senso comum?

O senso comum é um tipo de conhecimento que nasce como uma forma de o homem tentar resolver os problemas da sua vida diária e que, apesar de não ser fundamentado em nenhum saber filosófico ou científico, passa de geração para geração, sendo compartilhado por pessoas comuns, não especialistas em determinados assuntos.

Apesar da falta de fundamentação sistemática que caracteriza os saberes referentes ao senso comum, estes se estabelecem por meio de um conjunto de formulações teóricas que servem como base de orientação para a vida cotidiana das pessoas como se fossem explicações definitivas (Cotrim, 2002).

Entretanto, com o passar do tempo, essas formulações teóricas vão sendo reelaboradas por meio dos relacionamentos interpessoais, da leitura de livros e de artigos variados, bem como dos meios de comunicação, sendo possível identificar que o estabelecimento de alguns conceitos foi determinante na evolução do conhecimento.

Partindo desses pressupostos, podemos dizer que os conceitos são (re)formulados ao longo do tempo, pois, de acordo com Oliveira (1997), estruturam-se na comparação entre todos os seres humanos, não considerando as suas particularidades, mas sim generalizando o que existe de comum e essencial a todos os homens.

> Os conceitos assim formulados se tornam de fundamental importância para que o homem possa interagir com o mundo em que vive, com os seus semelhantes e com a sociedade da qual faz parte, bem como para adquirir uma linguagem que seja comum e que possa ser utilizada para explicar muitos fenômenos observados no seu dia a dia.

Tendo em vista que os conceitos formulados são construções humanas, compreendemos que, para a evolução do conhecimento, é necessário que ocorra a apreensão de novos conceitos, o que poderá se dar tanto por meio de fatos observados no dia a dia quanto por meio de ensinamentos escolares.

Os conceitos formulados com base em experiências cotidianas são chamados de *conceitos espontâneos*, pois dizem respeito às relações diretas com os fatos e os fenômenos, uma vez que são formados tendo como base os resultados obtidos nas experiências do dia a dia do aluno e no conhecimento do seu cotidiano, que formam o entendimento imediato e provisório dos fenômenos que ocorrem em seu meio.

Já os **conceitos científicos** são formulados com base nos ensinamentos escolares, os quais são repassados pelos professores, tendo em vista que já foram comprovados cientificamente.

> **Pare e pense**
> 
> Mas será que somente o conhecimento do senso comum está relacionado com os fatos do cotidiano?

É importante você saber que tanto o conhecimento de senso comum quanto o conhecimento científico estão relacionados com fatos do cotidiano. Por apresentarem diferenças quanto ao modo de explicação, os conceitos adquiridos por meio de cada uma dessas formas de conhecimento para explicar um mesmo fenômeno também são diferentes.

A ideia de que o conceito científico distingue-se do conceito de senso comum é corroborada por Teixeira (2006, p. 128), quando diz que

> *o conceito científico não expressa informações sobre o real, o imediatamente observável. Trata-se da expressão de um entendimento circunscrito a um modelo, que lida com informações abstratas, construídas por uma comunidade científica e atribuídas aos objetos, de modo a gerar uma mesma explicação causal para interpretar fenômenos que, do ponto de vista empírico, isto é, da mera observação das propriedades visíveis, podem até ser distintos.*

No que se refere à aprendizagem, **o aluno, quando inicia sua vida escolar, já traz conceitos espontâneos adquiridos de suas experiências cotidianas**. Nesse sentido, podemos dizer que ele já possui conhecimentos próprios dos conceitos que serão ensinados em sala de aula.

Lembre-se, no entanto, de que, no início da aprendizagem escolar, os conceitos adquiridos pelo senso comum podem se constituir em obstáculos para que o aluno adquira um novo conhecimento, pois, segundo os PCN de ciências naturais,

> *ainda que aprendido e satisfatoriamente formulado em nível de abstração aceitável, o conhecimento tem muita dificuldade para aplicar-se a novas situações concretas que devem ser entendidas nos mesmos termos abstratos pelos quais o conceito é formulado. Da mesma forma como foi longo o processo pelo qual os conceitos espontâneos ganharam níveis de generalidade até serem entendidos e formulados de modo abstrato, é longo e árduo o processo inverso, de transição do abstrato para o concreto e particular.* (Brasil, 1997a, p. 95)

Podemos verificar, então, que os conceitos espontâneos e os científicos são complementares. Desse modo, é importante que o aluno compreenda a formação dos conceitos com base em fatos concretos, por meio do conhecimento do cotidiano, pois os conceitos formados dessa forma dão subsídios para a formação dos conceitos científicos.

### Pare e pense
Como o professor deve agir para que essa compreensão aconteça?

Entenda que cabe ao professor promover situações para que o aluno tenha habilidades de relacionar os conceitos do cotidiano com o conteúdo que está sendo ensinado em sala de aula, pois, de outro modo, estes se tornam um obstáculo para o aluno na compreensão dos conceitos científicos.

Esses obstáculos, muitas vezes, surgem em decorrência da dificuldade de o aluno memorizar fórmulas, nomes e modelos explicativos da ciência – próprios das disciplinas que compõem as ciências biológicas e da natureza – e aplicá-los corretamente.

Nesse aspecto, Schroeder (2007, p. 29) especifica: "as intervenções deliberadas do professor são muito importantes no desencadeamento de processos que poderão determinar o desenvolvimento intelectual dos seus estudantes, a partir da aprendizagem dos conteúdos escolares ou, mais especificamente, dos conceitos científicos".

### Atenção ! ! !

Perceba que um modo de facilitar esse aprendizado seria a contextualização entre os dois conceitos. Ao integrar os conceitos do senso comum aos conceitos científicos, o professor produzirá efeitos positivos em sua prática pedagógica, os quais possibilitarão que os caminhos para a construção do conhecimento científico por parte do aluno sejam abertos.

Para que as práticas pedagógicas sejam mais adequadas à formação de conceitos científicos, algumas sugestões são apontadas por Nébias (1999, p. 139), entre as quais estão as apresentadas a seguir:

> *As ideias que o aluno traz para a escola são necessárias para a construção de significados. Suas experiências culturais e familiares não podem ser negadas. Essas ideias devem ser aceitas para, progressivamente, evoluírem, serem substituídas ou transformadas.*
>
> *A resistência para substituir alguns conceitos só é superada se o conceito científico trouxer maior satisfação, for significativo, fizer sentido e for útil.*
>
> *Os conceitos científicos com maior grau de aplicabilidade, que explicam um maior número de situações e resolvem um maior número de problemas, facilitam a mudança.*
>
> *Resolver problemas com um plano de atividades cognitivas deve ser estimulado, uma vez que a simples nomeação das características essenciais e a repetição de definições não garantem a formação do conceito.*
>
> *Deve-se estimular o aluno a considerar soluções alternativas para um mesmo problema.*
>
> *Deve-se possibilitar ao aluno retomar seu processo de trabalho, explicando suas ideias e analisando a evolução destas.*
>
> *No processo de formação de conceitos, é desejável desenvolver ações de inclusão – estabelecer se um dado objeto refere-se ao conceito indicado – e de dedução – reconhecer as características necessárias ou suficientes para incluir ou não os objetos em um conceito dado.*
>
> *Nem todo conceito é passível de experimentação, daí o valor de meios variados: filmes, explorações de campo, entre outros.*

Nesse contexto, para a formação de conceitos, há a necessidade de valorizar os conhecimentos prévios dos alunos e de estimulá-los à participação efetiva no processo de ensino e aprendizagem.

As autoras Marconi e Lakatos (2000) consideram que os conceitos, em ciência, devem ter uma característica básica: ser comunicáveis, isto é, construídos de maneira que todos os seus componentes sejam conhecidos ou passíveis de entendimento.

Nesse sentido, veja que o ensino de ciências naturais deve capacitar o aluno para que este venha a utilizar os conceitos científicos em sua vida cotidiana, de modo que possa aplicá-los em diversas situações, entre elas, na compreensão:

> do funcionamento de aparelhos eletrodomésticos;
> das reações químicas que ocorrem na decomposição dos alimentos;
> da necessidade de se fazer a reciclagem e o reaproveitamento de materiais;
> dos fatores que influenciam a velocidade das reações químicas;
> dos mecanismos que prescrevem a codificação genética;
> da importância da biodiversidade;
> dos mecanismos que levam à formação dos radicais livres;
> dos meios de obtenção de fontes de energia;
> das transformações que ocorrem com a energia;
> dos processos que ocorrem com trocas de calor;
> da natureza ondulatória e quântica da luz;
> de como ocorre a transformação dos alimentos dentro do organismo humano.

Embora os conceitos científicos sejam considerados formulações abstratas do conhecimento, estes podem ser inseridos na vida escolar do aluno por meio de atividades práticas, que permitirão a observação, a descrição e a interpretação dos dados referentes a um determinado fenômeno que está sendo analisado.

Nesse mesmo contexto, de acordo com Teixeira (2006, p. 122),

> *as diferentes abordagens sobre como podem ser desenvolvidas as atividades de ensino para o aprendizado de conceitos científicos vêm sendo divulgadas, influenciando o trabalho dos professores, até mesmo quando eles nem têm consciência de como entendem o que sejam tais conceitos, ou qual é a concepção sobre o que são conceitos, na qual as atividades desenvolvidas se embasam.*

Podemos verificar, com base nessa informação, que **a construção do conhecimento científico se dá a partir da ruptura com o conhecimento comum,** pois somente desse modo é possível compreendermos a distinção existente entre uma conclusão baseada em conceitos científicos e outra baseada em uma conceituação cotidiana.

## 1.3 INICIAÇÃO AO CONHECIMENTO CIENTÍFICO

Na história da humanidade, o homem procurou, ao longo do tempo, adquirir conhecimentos que lhe permitissem entender o mundo que o cerca, criando meios de intervir na natureza, para compreendê-la e dominá-la, e, assim, torná-la mais adequada para atender as suas necessidades.

Observamos, assim, que, com o intuito de justificar as transformações que ocorrem no mundo, o homem tentou elaborar um conhecimento sobre o qual ele pudesse ter o domínio.

Tal constatação nos remete à verificação da existência de mais de uma forma de conhecimento, compreendendo que os tipos de conhecimento se diferenciam de acordo com o método pelo qual ele é obtido.

> Podemos dizer, então, que o conhecimento humano pode ter diferentes origens, sendo elas de ordem científica, religiosa, filosófica ou advindas do senso comum. No entanto, no decorrer do tempo, tudo o que se relaciona com o ser humano, com os animais e com a natureza foi investigado tanto pelo conhecimento científico quanto pelo conhecimento religioso, filosófico ou do senso comum.

Contudo, o conhecimento pode ser considerado sob vários aspectos (Armstrong, 2008); quando falamos em *conhecimento científico*, faz-se necessário relacioná-lo a outras formas de conhecimento, bem como diferenciá-lo destas quanto às suas diversas interpretações acerca de um mesmo fenômeno e suas principais características.

Tais diferenças podem ser verificadas no Quadro 1.1, o qual apresenta uma descrição das principais características que diferenciam o conhecimento científico das outras formas de conhecimento existentes.

QUADRO 1.1 – PRINCIPAIS CARACTERÍSTICAS QUE DIFERENCIAM OS TIPOS DE CONHECIMENTO

| Tipos de conhecimento | Descrição |
|---|---|
| Conhecimento científico | A ciência delimita o seu objeto de estudo ao se especializar em assuntos específicos. |
| Conhecimento filosófico | Aborda os mesmos pontos de estudos apropriados pela ciência; contudo, a filosofia, com a sua visão de conjunto, considera o seu objeto sob o ponto de vista da totalidade. |
| Conhecimento do senso comum | É fundamentado em experiências adquiridas do cotidiano do homem. |
| Conhecimento religioso | É fruto da crença religiosa, em que não se confirma nem se nega o que foi revelado por ele, baseando-se no que está escrito nos textos sagrados. |

Fonte: Armstrong, 2008, p. 49.

Note que, com base no quadro apresentado, é possível compreender que existem diferenças metodológicas entre os tipos de conhecimento. Assim, **dependendo da forma como é analisado, um mesmo objeto pode ser passível de estudo tanto pelo conhecimento científico quanto pelos conhecimentos filosófico, religioso e do senso comum**.

Nesse mesmo sentido, Marconi e Lakatos (2000) corroboram que, no processo de apreensão da realidade do objeto, o sujeito que busca o conhecimento pode adentrar nas diversas áreas do conhecimento. Assim,

> *ao estudar o homem, por exemplo, pode-se tirar uma série de conclusões sobre sua atuação na sociedade, baseada no senso comum ou na experiência cotidiana; pode-se analisá-lo como um ser biológico, verificando, com base na investigação experimental, as relações existentes entre determinados órgãos e suas funções; pode-se questioná-los quanto a sua origem e destino, assim como quanto a sua liberdade; finalmente, pode-se observá-lo como ser criado pela divindade, a sua imagem e semelhança, e meditar sobre o que dele dizem os textos sagrados.* (Marconi; Lakatos, 2000, p. 20)

Compreender o mundo em que vivemos e interpretar a natureza e seus fenômenos sempre foram os objetivos almejados pela ciência. Com esse propósito, surgiu o conhecimento científico, tendo em vista que sua evolução aconteceu baseada nas ideias advindas do senso comum.

Sabemos que o conhecimento científico e o conhecimento do senso comum sempre estiveram interligados e, por isso, de certa forma se complementam. Não obstante, a maneira como o conhecimento é obtido e organizado é um fator essencial na diferenciação entre ambos.

### Atenção !!!

Embora existam diferenças no modo de construir essas duas formas de conhecimento, dificilmente o senso comum poderá ser desvinculado do conhecimento científico, pois uma única forma de conhecimento talvez não seja suficiente para explicar todos os fatos.

Nesse processo de construção do conhecimento, segundo Armstrong (2008), é necessário você entender que o conhecimento científico não se constitui no saber que pode explicar todas as coisas, pois as teorias investigadas pela ciência nascem no dia a dia (senso comum) e, a partir daí, tornam-se científicas, ao deixarem de se basear nessas explicações cotidianas.

Assim, no que se refere à diferenciação entre o conhecimento advindo do senso comum (também denominado de *conhecimento vulgar*, *popular* ou *comum*) e o conhecimento científico, podemos afirmar que as características de uma forma de conhecimento vêm de encontro com as características da outra forma, haja vista que, nesse quesito, a forma e o modo como o conhecimento é obtido e organizado, além do método e dos instrumentos utilizados para sua construção, são fatores essenciais na diferenciação entre ambos.

### Simplificando

Desse modo, você pode perceber que essas duas formas do conhecimento estão relacionadas com fatos do cotidiano e que o conhecimento científico irá se distinguir do conhecimento comum no que se refere à metodologia aplicada, e não propriamente ao conteúdo investigado, já que este é obtido sem, necessariamente, seguir métodos e técnicas específicos para justificar sua teoria, ao contrário do conhecimento científico.

Nesses termos, você pode verificar que o que configura o conhecimento científico é um constante jogo de hipóteses e discussão, bem como uma argumentação/contra-argumentação permanente entre a teoria formulada, as observações e os experimentos realizados (Praia; Cachapuz; Gil-Pérez, 2002).

> **Pare e pense**
> Mas a ciência é capaz de explicar todos os fenômenos ocorridos?

Com efeito, podemos entender que a ciência não é capaz de explicar todos os fenômenos que ocorrem ao seu redor no entanto, é uma forma de conhecimento aplicável, que pode ser utilizada para a previsão e/ou o controle de tais fenômenos.

Assim, é sabido que, por não dispor de um método estabelecido como definitivo para a explicação decisiva dos fenômenos observados, a ciência está constantemente em transformação. Já o conhecimento do senso comum é, muitas vezes, repassado como verdadeiro, pois parte da observação de fatos e fenômenos do dia a dia.

Em decorrência disso, as teorias formuladas pela ciência não se tornam imutáveis, o que não ocorre com o conhecimento do senso comum, pois as explicações por ele obtidas sobre um fato ocorrido podem ser emitidas como verdadeiras e definitivas.

De acordo com Hull (1975, p. 14), "a verdade de uma afirmação científica é independente de sua fonte, pois nenhum método de descoberta pode garantir a verdade, e um enunciado científico pode ser verdadeiro sem que se leve em conta o modo como foi gerado".

> No ensino de ciências, é importante que o aluno compreenda o que seja o conhecimento científico, como ele se desenvolve e quais são suas principais características, bem como entenda que ele não é algo pronto e acabado, indiscutível e imutável.

No que tange ao **ensino de ciências naturais**, a observação, bem como a busca por explicações, são aspectos metodológicos desenvolvidos para o acesso ao conhecimento científico. Esses aspectos são fatores de essencial importância, pois é na observação e na constatação de fatos que o conhecimento científico se manifesta.

Na **ciência tradicional**, os métodos utilizados na prática educativa escolar geralmente se baseiam em procedimentos nos quais o professor apenas transmite seus conhecimentos, sendo os métodos usuais de ensino as aulas expositivas e as técnicas de perguntas e respostas. Nessa prática de ensino, o aluno é o sujeito passivo do processo, constituindo-se naquele que só recebe a informação, memorizando-a e repetindo o que lhe foi transmitido.

Já a ciência moderna evidencia o aluno como o centro do processo de construção do conhecimento, pois, de acordo com Abrantes e Martins (2007), os pressupostos pedagógicos que norteiam a prática educativa escolar cada vez mais têm assegurado o papel do sujeito (nesse caso, o aluno) nesse processo.

Para o processo de ensino-aprendizagem de ciências, Schnetzler (1992) entende que os conhecimentos prévios dos alunos devem ser sempre valorizados. Dessa forma,

> *o que nossos alunos aprendem depende tanto do que já trazem, isto é, de suas concepções prévias sobre o que queremos ensinar, como das características do nosso ensino. De qualquer forma, a construção de uma ideia em uma determinada situação, exige a participação ativa do aluno, estabelecendo relações entre aspectos da situação e seus conhecimentos prévios.* (Schnetzler, 1992, p. 18)

Assim, é de fundamental importância que, em um modelo de ensino construtivista, no qual o aluno é tido como o centro do processo, o professor valorize e entenda as concepções e as interpretações do aluno sobre um determinado fenômeno, para que, dessa forma, o conhecimento científico possa ser construído e adquirido.

Na visão de Haydt (1994, p. 61), "quando o professor concebe o aluno como um ser ativo, que formula ideias, desenvolve conceitos e resolve problemas de vida prática através de sua atividade mental, construindo, assim, seu próprio conhecimento, sua relação pedagógica muda", ou seja, já não é mais uma relação em que o professor transmite conteúdos prontos a um aluno que apenas os memoriza.

Perceba então que, para que ocorra esse processo de construção coletiva do conhecimento, é necessário que haja uma interação entre o conhecimento do professor e o conhecimento do aluno, na qual cada um irá aprender com o outro. Isso acontece porque, ao relacionar o seu conhecimento com o do professor, o aluno será capaz de construir seu próprio conhecimento sobre um determinado conteúdo científico.

Assim, quando se relaciona o conhecimento do aluno com o do professor, não está ocorrendo a destruição das concepções prévias do aluno, mas sim o desenvolvimento de um processo de ensino que irá promover a evolução das ideias desse aluno.

Desse modo, o professor irá fazer a mediação entre o ensinar e o aprender, ou seja, irá gerenciar, portanto, o processo de aprender a partir da interpretação das experiências cotidianas do aluno (Kuenzer, 2008).

### Atenção !!!

Embora o modelo de ensino construtivista seja um referencial para muitos educadores, e apesar de haver uma busca por mudanças na prática educacional, a prática tradicionalista de apresentar o conhecimento científico ao aluno como algo imutável, estático, pronto e acabado, permanentemente verdadeiro e superior às outras formas de conhecimentos, ainda é muito utilizada.

Em geral, boa parte dos professores ainda mantém a maneira tradicional de ensinar, cuja aprendizagem ocorre por transmissão de conteúdos, sem fazer a contextualização dos saberes científicos com os saberes adquiridos do cotidiano.

Trata-se de um atitude que não beneficiará a aprendizagem, uma vez que, com essa contextualização, o aluno terá embasamento para compreender como, para que e por que surgiu o conhecimento científico.

No que se refere à forma tradicionalista de o professor repassar seus conhecimentos, Schnetzler (1992, p. 18) constata que,

> *neste sentido, não adianta insistirmos na ação de que ao transmitirmos a nossa forma de organização conceitual, isto é, como entendemos a Ciência, ou parte dela, esta estrutura, que nos parece tão lógica, e que foi por nós construída durante um longo tempo de formação e atuação profissional docente, possa ser integralmente incorporada pelos nossos alunos. Isto porque as suas concepções prévias lhes farão enxergar e entender tal estrutura de outra forma.*

Ressaltamos ainda que, no ensino das ciências, considerar a realidade do aluno tomando por base a interpretação de suas experiências cotidianas é um modo de lhe proporcionar a compreensão dos fatos e dos fenômenos que ocorrem no meio que o cerca.

Desse modo, baseados nesse entendimento, verificamos que, para desenvolver o conhecimento científico, o aluno deverá ter habilidades necessárias para compreender os conteúdos mais abstratos da área de ciências, o que o levará a entender como se caracteriza a aprendizagem científica e à conquista desse conhecimento.

> Os estudos sobre os conceitos científicos mostram que, por trás das fórmulas complexas e da linguagem técnica que envolve as disciplinas que compõem o grupo das ciências naturais, está o aluno que busca transcender as barreiras do conhecimento comum que traz do seu cotidiano, a fim de adquirir um nível de conhecimento mais aprofundado, tornando possível a substituição dos conceitos prévios por conhecimentos que o levem à formação de um novo espírito científico (Armstrong, 2008, p. 60).

Pelo exposto até aqui, você pôde perceber que os conhecimentos adquiridos por meio do ensinamento das ciências naturais e biológicas deverão proporcionar ao aluno a possibilidade de utilizar os conceitos científicos no entendimento dos processos que ocorrem a todo instante no meio em que vive, bem como dar subsídios para que este possa aplicá-los nas soluções de problemas do seu cotidiano.

## SÍNTESE

Neste capítulo, tratamos dos fundamentos que caracterizam a ciência como um conhecimento que se destaca diante de outras formas de conhecimento e vimos como esta é classificada, bem como os aspectos que distinguem as ciências que compõem o grupo das ciências da natureza.

Destacamos que a ciência se apoia em fatos observáveis e concretos e que a experimentação é o principal meio de se chegar aos seus resultados. Porém, por ela não apresentar uma explicação definitiva para os fatos observados em seu meio, está constantemente se completando e se aperfeiçoando.

Abordamos as discussões sobre a construção do conhecimento científico, o qual teve e tem como base exemplos extraídos do conhecimento do senso comum, ressaltando que esse conhecimento é apenas uma das formas de interpretar a realidade.

Discutimos ainda que, quando o aluno inicia sua vida escolar, já traz consigo conceitos espontâneos adquiridos de suas experiências cotidianas, os quais podem tornar-se um obstáculo para a compreensão dos conceitos científicos.

Estudamos também que, no ensino de ciências, é importante que o aluno entenda no que consiste o conhecimento científico, como ele se desenvolve e quais suas principais características, bem como compreenda que esse tipo de conhecimento não é algo pronto e acabado, indiscutível e imutável.

Por fim, vimos que a ciência moderna evidencia o aluno como o centro do processo de construção do conhecimento e que o ensino das ciências naturais e biológicas deverá possibilitar ao educando que utilize os conceitos científicos no entendimento dos processos que ocorrem no meio em que vive, bem como subsidiá-lo para que possa aplicar esses processos nas soluções de seus problemas cotidianos.

## INDICAÇÕES CULTURAIS

### FILME

2001: Uma odisseia no espaço. Direção: Stanley Kubrick. Produção: Stanley Kubrick. EUA: MGM/Polaris, 1968. 148 min.

Esse filme é considerado uma das ficções científicas mais importantes na história do cinema. Ele mostra alguns aspectos que nos fazem refletir sobre o conhecimento científico e a evolução da raça humana.

### LIVROS

CHALMERS, A. A fabricação da ciência. São Paulo: Ed. da Unesp, 1994.

Nesse livro, o autor faz um minucioso exame crítico sobre a ciência e seus métodos e a produção e a rejeição dos resultados experimentais. Discorre ainda sobre a dimensão social e política da ciência e seus aspectos mais importantes.

CHASSOT, A. A ciência através dos tempos. 2. ed. São Paulo: Moderna, 2004.

Esse livro apresenta um panorama geral da evolução da ciência no decorrer dos tempos, desde a Pré-História até os dias atuais, destacando a grande contribuição de célebres filósofos na área científica.

## ATIVIDADES DE AUTOAVALIAÇÃO

[1] De acordo com a classificação das ciências adotada pelas autoras Marconi e Lakatos (2000, p. 28), as ciências podem ser divididas em factuais e formais. Com base nisso, faça a associação entre os tipos de ciências (coluna I) e suas respectivas características (coluna II). A seguir, assinale a alternativa que corresponde à sequência numérica correta, de cima para baixo:

Coluna I

(1) Ciências factuais
(2) Ciências formais

Coluna II

[ ] Têm como método de estudo a observação e/ou a experimentação.

[ ] São compostas pela lógica e pela matemática.

[ ] Constroem seus próprios objetos de estudo.

[ ] São compostas por física, química, biologia, sociologia etc.

[ ] Estudam os fatos que ocorrem ao nosso redor.

[A] 1, 2, 1, 2, 2.
[B] 1, 2, 2, 1, 1.
[C] 2, 1, 1, 2, 2.
[D] 1, 2, 1, 1, 2.

[2] Os PCN do ensino médio (Brasil, 1999) propõem que o educando deve se apropriar dos conhecimentos das ciências da natureza e aplicar esses conhecimentos para:
[A] explicar o funcionamento do mundo natural, planejar, executar e avaliar ações de intervenção na realidade natural.

[B] poder questionar e discutir racionalmente as ideias sobre um fato, a fim de serem aceitas como verdadeiras.

[C] demonstrar para a sociedade em geral que somente a verificação não basta para tornar verdadeira uma teoria científica.

[D] valorizar e entender as concepções e interpretações do professor sobre um determinado fenômeno.

[3] Os conceitos espontâneos dizem respeito às relações diretas com fatos e fenômenos, uma vez que são formados a partir de resultados obtidos por experiências do dia a dia do aluno. No entanto, esses conceitos podem se constituir em obstáculos para que este possa adquirir um novo conhecimento. Para que isso não ocorra, o aluno deve:

[I] contextualizar os conceitos do senso comum com os conceitos científicos.

[II] relacionar os conceitos do cotidiano com o conteúdo que está sendo ensinado em sala de aula.

[III] superar seus limites diante dos obstáculos que surgem nesse caminho, tornando-se, assim, um sujeito questionador, criativo, crítico e que aceita o conhecimento como algo pronto e acabado.

[IV] memorizar diversas fórmulas, nomes e modelos explicativos das ciências naturais e aplicar tais conceitos em diversas situações do seu dia a dia.

Podemos dizer que estão corretas as afirmativas:

[A] I e III.

[B] III e IV.
[C] II e IV.
[D] I e II.

[4] Podemos afirmar que as características do conhecimento advindo do senso comum vêm de encontro com as características do conhecimento científico. Entre os fatores considerados essenciais na diferenciação dessas duas formas de conhecimento, podemos citar:

[A] o fato de o conhecimento científico considerar o seu objeto de estudo sob o ponto de vista da totalidade.

[B] o modo como o conhecimento é obtido e organizado e o método e os instrumentos utilizados para sua construção.

[C] o fato de que os princípios teórico-metodológicos estão sujeitos a transformações e reestruturações dentro do contexto dinâmico em que o conhecimento comum está inserido.

[D] a explicação decisiva dos fenômenos observados.

[5] A respeito do ensino de ciências naturais, assinale (V) para as afirmativas verdadeiras e (F) para as falsas:

A ciência moderna se baseia em um modelo de ensino construtivista. Nessa concepção de ciência, para que o conhecimento científico possa ser construído e adquirido, é necessário que:

[ ] o professor valorize e entenda as concepções e interpretações do aluno sobre um determinado fenômeno.

[ ] o aluno seja o sujeito passivo desse processo, recebendo a informação, memorizando-a e repetindo o que lhe foi transmitido.

[ ] o aluno seja considerado o centro desse processo.

[ ] o professor apresente o conhecimento científico ao aluno como imutável, estático, pronto e acabado.

Agora, marque a sequência correta:

[A] V, F, F, V.
[B] F, V, F, V.
[C] F, F, V, F.
[D] V, F, V, F.

## ATIVIDADES DE APRENDIZAGEM

### QUESTÕES PARA REFLEXÃO

[1] Com base no que foi visto neste capítulo, organize uma discussão com seu grupo de estudos sobre a seguinte questão: Como a ciência pode influenciar a tecnologia nos dias atuais?

[2] Como citamos neste capítulo, o ensino de ciências naturais deve capacitar o aluno para que este utilize os conceitos científicos em sua vida cotidiana, de modo que possa aplicar tais conceitos nas mais diversas situações. Com base nesses dados, faça uma pesquisa sobre as principais descobertas realizadas nas áreas de química, física e biologia, as quais contribuíram com o desenvolvimento dessas três áreas do conhecimento

ATIVIDADE APLICADA: PRÁTICA

Organize um quadro comparativo entre o ensino da ciência tradicional e o ensino da ciência moderna e apresente suas críticas a respeito de cada uma dessas formas de ensino.

dois...

# Conteúdos das ciências da natureza no ensino fundamental

No capítulo anterior, além de estudarmos os fundamentos da ciência, vimos as ciências naturais como a área que tem como objetivo estudar os objetos e fenômenos da natureza por meio de pesquisas e procedimentos experimentais e também como se dá a construção do conhecimento científico em sala de aula.

Partindo dos pressupostos teóricos abordados até aqui, este capítulo será desenvolvido com base na organização dos conteúdos do ensino de ciências naturais no ensino fundamental, tendo em vista que o ensino de ciências nos anos iniciais deve permitir o aprendizado dos conceitos básicos das ciências naturais e possibilitar a compreensão das relações entre ciência e sociedade.

Pretendemos ainda demonstrar que a ciência, entendida como construção humana para uma compreensão do mundo, é uma meta para o ensino da área na escola fundamental.

Assim, neste capítulo, apresentaremos a relação entre os conteúdos ministrados e as diferentes ciências – como astronomia, biologia, física, geociências e química – e como a integração de conteúdos dessas diversas áreas do saber favorece o aprendizado do conhecimento científico.

Nessa perspectiva, objetivamos retratar a importância da seleção de conteúdos nas disciplinas de ciências naturais, assim como salientar a relevância do entendimento da interdisciplinaridade na aprendizagem dos conceitos científicos.

## 2.1 CIÊNCIAS NATURAIS NO ENSINO FUNDAMENTAL

Para dar início a esse tema, podemos fazer o seguinte questionamento:

> **Pare e pense**
> Qual a importância de ensinar ciências para crianças no ensino fundamental?

Podemos responder a essa questão dizendo que a importância do estudo das ciências naturais no ensino fundamental decorre do fato de que ela auxilia o educando na compreensão da realidade que o cerca e dos fenômenos que ocorrem na natureza, situando-o como um sujeito participativo e transformador desse processo.

Nesse contexto, Santos e Mendes Sobrinho (2008, p. 52) afirmam que estudar ciências naturais é imprescindível, principalmente nas séries iniciais, pois assim a criança, desde o início de sua escolarização, poderá interagir com o conhecimento científico, obtendo, dessa forma, uma compreensão mais profunda da natureza e da sociedade em que vive. Nesse sentido, ela poderá desenvolver habilidades e competências para compreender a ciência, como também valores para a construção de sua cidadania.

O ensino de ciências para crianças pode auxiliar na leitura e na escrita. Para tanto, é necessário que o professor trabalhe a ciência a partir de textos adequados à faixa etária dos alunos.

Nesse sentido, os Parâmetros Curriculares Nacionais (PCN) de ciências naturais, no que se refere à disciplina de Ciências, estabelece que

> *a apropriação de seus conceitos e procedimentos pode contribuir para o questionamento do que se vê e ouve, para a ampliação das explicações acerca dos fenômenos da natureza, para a compreensão e valoração dos modos de intervir na natureza e de utilizar seus recursos, para a compreensão dos recursos tecnológicos que realizam essas mediações, para a reflexão sobre questões éticas implícitas nas relações entre Ciência, Sociedade e Tecnologia.*
> (Brasil, 1999, p. 21)

Já Fumagalli (1998, p. 15) considera três linhas básicas para se ensinar ciências no ensino fundamental: "O direito das crianças de aprender ciências; O dever social obrigatório da escola fundamental, como sistema escolar, de distribuir conhecimentos científicos ao conjunto da população; O valor social do conhecimento científico".

Perceba, então, que o ensino de ciências deve proporcionar condições para que o aluno faça pesquisas e desenvolva o pensamento crítico e a argumentação sólida. Para tanto, é essencial relacionar os conceitos da área às questões sociais, tecnológicas, políticas, culturais e éticas.

Desse modo, entendemos que o ensino de ciências para o ensino fundamental, nos dias atuais, constitui-se em procedimento de grande importância, em decorrência de esse ensino permitir que a criança construa seus próprios conceitos para interpretar os fenômenos da natureza, pois, na visão dos PCN para o ensino fundamental (Brasil, 1998),

> *mostrar a Ciência como elaboração humana para uma compreensão do mundo é uma meta para o ensino da área na escola fundamental. Seus conceitos e procedimentos contribuem para o questionamento do que se vê e se ouve, para interpretar os fenômenos da natureza, para compreender como a sociedade nela intervém utilizando seus recursos e criando um novo meio social e tecnológico. É necessário favorecer o desenvolvimento de postura reflexiva e investigativa, de não aceitação, a priori, de ideias e informações, assim como a percepção*

> *dos limites das explicações, inclusive dos modelos científicos, colaborando para a construção da autonomia de pensamento e de ação.* (Brasil, 1998, p. 22-23)

Para que o aluno seja considerado um sujeito ativo em seu processo de aprendizagem, ele deve entender a relação entre os conceitos ensinados em sala de aula e os fatos ocorridos no seu dia a dia, sendo esses conceitos significativos para sua vida, como a compreensão da relação existente entre o ser humano e o meio ambiente, entre o ser humano e a saúde, entre a ciência e os recursos tecnológicos e entre a Terra e o universo.

Para tanto, o ensino de ciências deve ser realizado de forma contextualizada, inovadora e interdisciplinar, visando enfatizar a importância do conhecimento científico na formação do aluno, uma vez que, relacionando os temas abordados em sala de aula com o seu dia a dia, ele desenvolverá habilidades e competências para interpretar e compreender os fatos naturais que ocorrem à sua volta.

### Pare e pense

Mas o que é proposto, então, como forma de ensino de ciências em sala de aula?

No que se refere à forma como o ensino de ciências naturais é ministrado em sala de aula na escola fundamental, cabe-nos registrar que diferentes propostas têm sido apresentadas no decorrer nos últimos anos, contribuindo para o desenvolvimento da educação, conforme legisla os PCN do ensino fundamental:

> *o ensino de Ciências Naturais, relativamente recente na escola fundamental, tem sido praticado de acordo com diferentes propostas educacionais, que se sucedem ao longo das décadas como elaborações teóricas e que, de diversas maneiras, se expressam nas salas de aula. Muitas práticas, ainda hoje, são baseadas na mera transmissão de informações, tendo como recurso exclusivo o livro didático e sua transcrição na lousa; outras já incorporam avanços, produzidos nas últimas décadas, sobre o processo de ensino e aprendizagem em geral e sobre o ensino de Ciências em particular.* (Brasil, 1998, p. 19)

Toda essa preocupação se deve à forte influência das tendências educacionais e do contexto social no qual o aluno está inserido, que visa transformar o aluno em um sujeito crítico, participativo e produtor do seu conhecimento.

Na visão do aluno, o ensino nesses moldes – em que este aluno tem um papel relevante na construção desse conhecimento – faz com que sua aprendizagem seja mais expressiva, pois mostra o conhecimento científico como um saber mais sistematizado, o que torna mais significativo o entendimento do ambiente em que vive.

> **Atenção !!!**
> 
> Ainda que o modo como a ciência seja ensinada nas séries iniciais ocorra por meio de diferentes metodologias, deve-se considerar o seguinte: para que se proceda a isso de forma adequada, é necessário que as metodologias aplicadas como ferramentas pedagógicas venham atender a, pelo menos, um ou mais objetivos propostos.

Muitos dos objetivos propostos para o ensino de ciências naturais na educação fundamental se referem à efetiva aprendizagem dos conteúdos dessa disciplina e à capacidade do aluno de desenvolvê-los em seu cotidiano. Isso porque a capacidade de perceber a importância do ensino de ciências para sua realidade fará com que o aluno não apenas aprenda um conteúdo, mas também tenha a capacidade de aplicá-lo no seu dia a dia.

Segundo os PCN para o ensino fundamental (Brasil, 1998), o ensino de ciências naturais deverá, ao final do ensino fundamental, organizar-se de modo que os alunos tenham conseguido desenvolver as capacidades elencadas na sequência.

> › compreender a natureza como um todo dinâmico e o ser humano, em sociedade, como agente de transformações do mundo em que vive, em relação essencial com os demais seres vivos e outros componentes do ambiente;

> compreender a Ciência como um processo de produção de conhecimento e uma atividade humana, histórica, associada a aspectos de ordem social, econômica, política e cultural;

> identificar relações entre conhecimento científico, produção de tecnologia e condições de vida, no mundo de hoje e em sua evolução histórica, e compreender a tecnologia como meio para suprir necessidades humanas, sabendo elaborar juízo sobre riscos e benefícios das práticas científico-tecnológicas;

> compreender a saúde pessoal, social e ambiental como bens individuais e coletivos que devem ser promovidos pela ação de diferentes agentes;

> formular questões, diagnosticar e propor soluções para problemas reais a partir de elementos das Ciências Naturais, colocando em prática conceitos, procedimentos e atitudes desenvolvidos no aprendizado escolar;

> saber utilizar conceitos científicos básicos, associados a energia, matéria, transformação, espaço, tempo, sistema, equilíbrio e vida;

> saber combinar leituras, observações, experimentações e registros para coleta, comparação entre explicações, organização, comunicação e discussão de fatos e informações;

> valorizar o trabalho em grupo, sendo capaz de ação crítica e cooperativa para a construção coletiva do conhecimento.

Fonte: Brasil, 1998, p. 33.

**Pare e pense**
O que deve ser feito para que todos esses objetivos sejam alcançados?

Para atender a todos os objetivos propostos, é necessário que o professor estabeleça critérios na organização desses conteúdos, fazendo uma seleção que venha a atender os interesses e as necessidades dos alunos, pois o conteúdo apresentado deve ter o propósito de despertar nestes o interesse pelo que está sendo ensinado.

No que se refere à seleção de conteúdos no ensino de ciências naturais, esta deve priorizar a alfabetização científica do aluno, de modo que possa atender as suas reais necessidades de maneira contextualizada.

De acordo com Turra et al. (1975, p. 107), a seleção de conteúdos está vinculada diretamente à determinação de quais conteúdos são considerados mais importantes e significativos para serem escolhidos e trabalhados numa determinada realidade e época, em função dos fenômenos que ocorrem na natureza.

Ao estudar temas como ambiente, ser humano e saúde, recursos tecnológicos, Terra e Universo, a criança desperta sua atenção para assuntos que fazem parte do seu dia a dia e que são importantes para a sua vida. Na visão de Lorenzetti e Delizoicov (2001, p. 4), "uma pessoa com conhecimentos mínimos sobre esses assuntos pode tomar suas decisões de forma consciente, mudando seus hábitos, preservando a sua saúde e exigindo condições dignas para a sua vida e a dos demais seres humanos".

Assim, recebendo um ensinamento contextualizado e atualizado, a criança perceberá a inter-relação existente entre o que está sendo ensinado em sala de aula e os fatos que fazem parte do seu cotidiano; com isso, o ensino de ciências naturais se torna mais interessante, atrativo e significativo para a sua vida.

> Por exemplo, ao estudar o tema **meio ambiente**, o aluno irá perceber que existe uma estreita relação entre a vida do homem, o meio ambiente e os seres que nele habitam. Desse modo, ao conhecer os fatores que regem o ambiente que o rodeia e ao aprender a importância da preservação de todas as formas de vida existentes, compreenderá que estará preservando a sua própria vida.
>
> Já ao estudar o tema ser humano e saúde, o aluno poderá entender como a qualidade de vida pode estar relacionada com a sua saúde, como o hábito de uma alimentação saudável pode contribuir para a manutenção

> do equilíbrio de seus órgãos vitais, além dos aspectos que regem o desenvolvimento e o funcionamento do corpo humano, e como agem os sistemas de defesa do organismo em relação à prevenção de doenças.

Veja, então, que o ensino de ciências naturais deve apresentar, para o aluno, a ciência como um processo de produção de conhecimento e uma atividade de construção humana, bem como favorecer a sua formação pessoal na produção do conhecimento científico e na obtenção das capacidades necessárias ao exercício da cidadania.

Para Matiolo e Moro (2006, p. 1),

> é importante no estudo de Ciências, em âmbito geral, que o professor conduza o educando não somente a distinguir as mudanças da natureza, mas também sentir os efeitos que podem influenciar sobre a vida de cada indivíduo; é necessário construir conceitos a partir de atividades próximas à realidade do aluno, fazendo-o perceber que esses conteúdos fazem parte da natureza e de sua vida como um todo.

Desse modo, é necessário que, no ensino de ciências, sejam aplicadas metodologias diversificadas, as quais tornem o aluno um sujeito capaz de problematizar a realidade que observa, formular hipóteses sobre os problemas levantados, planejar e desenvolver atividades experimentais, analisar os resultados obtidos e formular suas conclusões a respeito do que foi analisado.

> **Atenção !!!**
>
> Diante do exposto, você deve entender que, embora a contribuição do ensino de ciências para a formação pessoal do aluno seja de grande importância, as metodologias aplicadas para que esse objetivo seja alcançado ainda são muito influenciadas pelo ensino tradicional.

Essa forma de ensino, que se preocupa somente em transmitir o conhecimento, repassar os conteúdos ao aluno por meio da exposição verbal e da repetição dos exercícios e da matéria ensinada, é considerada garantia de aquisição do conhecimento, porém podem não promover a significativa formação científica.

Nesses termos, Luckesi (1992, p. 84) observa que "oferecer conhecimentos não significa somente transmitir e possibilitar a assimilação dos resultados da ciência, mas também transmitir e possibilitar a assimilação dos recursos metodológicos utilizados na produção dos conhecimentos".

### Simplificando

> O procedimento de ensinar ciências somente valorizando a definição dos conceitos científicos, a memorização e a repetição desses conceitos não leva ao objetivo esperado para o ensino dessa área, que é a aquisição do conhecimento para sua posterior aplicação.

Portanto, é necessário que sejam criadas possibilidades para a aquisição desse conhecimento, sendo fundamental a utilização de metodologias e estratégias de ensino que promovam a sua assimilação e produção para que, desse modo, o aluno obtenha uma aprendizagem significativa.

Com isso, entendemos que se faz necessária a adoção de **metodologias** que alcancem os objetivos esperados para o ensino de ciências, tendo o professor a habilidade de estabelecer critérios que sejam coerentes para selecionar os conteúdos e as metodologias mais adequadas para esse propósito.

Nessa perspectiva, você pode verificar que o professor tem um papel de grande importância no processo de aprendizagem dos conceitos científicos, já que tais conceitos se constituem no fundamento do estudo das ciências naturais.

> **Atenção !!!**
> No entanto, para que essa aprendizagem seja efetiva, é necessário que ocorra a interação entre o aluno e o objeto a ser estudado, sendo que a metodologia aplicada deve despertar no aluno o gosto pela ciência, por meio de um ensino mais dinâmico e de qualidade, o qual se baseia na ideia de ciência como uma atividade humana.

Nesse contexto, podemos dizer que, no ensino de ciências naturais, o desenvolvimento de certos valores e posturas é essencial para o aprendizado de temas pertinentes a essa área do ensino. Sobre essa questão, os PCN de ciências naturais estabelecem que,

> *em Ciências Naturais, é relevante o desenvolvimento de posturas e valores pertinentes às relações entre os seres humanos, o conhecimento e o ambiente. O desenvolvimento desses valores envolve muitos aspectos da vida social, como a cultura e o sistema produtivo, as relações entre o homem e a natureza. Nessas discussões, o respeito à diversidade de opiniões ou às provas obtidas por intermédio de investigação e a colaboração na execução das tarefas são elementos que contribuem para o aprendizado de atitudes, como a responsabilidade em relação à saúde e ao ambiente.* (Brasil, 1997a, p. 29)

Nesse sentido, a grande variedade de conteúdos teóricos das disciplinas científicas – como a Astronomia, a Biologia, a Física, as Geociências e a Química –, assim como de conhecimentos tecnológicos, deve ser considerada pelo professor em seu planejamento (Brasil, 1997a, p. 33).

Segundo Krasilchik (2008, p. 12), nas primeiras quatro séries do ensino fundamental, cada classe tem um professor responsável por todas as áreas do conhecimento. Nas quatro últimas séries, a Biologia faz parte da disciplina de Ciências, que engloba também tópicos de Física e Química.

O padrão mais comum dos tópicos selecionados, no Brasil, durante as quatro primeiras séries do ensino fundamental, conforme Krasilchik (2008, p. 13), são:

> - ser humano;
> - sistemas do corpo humano;
> - órgãos dos sentidos;
> - necessidades vitais;
> - alimentação – fontes de alimento;
> - seres vivos;
> - classificação – animais e vegetais;
> - relação entre os seres vivos;
> - equilíbrio ecológico;
> - ser humano e ambiente;
> - modificações físicas e biológicas do ser humano.

Ainda de acordo com essa mesma autora, da 5ª à 8ª série do ensino fundamental, os temas comumente ensinados são os seguintes:

> - plantas – solo e clima – agricultura;
> - distribuição de animais e plantas;
> - organismos e reações químicas;
> - nutrição, respiração, excreção;
> - sistema nervoso – hormônios – comportamento;
> - produção de alimentos;
> - vida e energia – fotossíntese e cadeias alimentares – ecossistemas;
> - reprodução e estrutura celular. (Krasilchik, 2008, p. 13)

Como podemos observar, os temas abordados de 5ª a 8ª série possibilitam que o aluno tenha uma visão da ciência no seu dia a dia. Para tanto, é necessário que o professor trabalhe de forma criativa, contextualizada, experimental e problematizada.

Já nas outras séries do ensino fundamental, de acordo com os PCN do terceiro (5ª e 6ª série) e quarto (7ª e 8ª série) ciclos do ensino fundamental, o ensino de ciências deve abordar os conteúdos de Terra e Universo, vida e ambiente, ser humano e saúde, tecnologia e sociedade (Brasil, 1998, p. 62-111).

> A apresentação dos conteúdos programáticos no estudo de ciências deve promover e despertar o desejo de conhecê-la e compreendê-la, pois, se não for dessa forma, segundo Fracalanza, Amaral e Gouveia (1986), o processo educativo fica distante do educando, representando um ensino fragmentado e superficial.

Portanto, os conteúdos a serem ensinados em ciências devem permitir que o aluno compreenda o processo científico por meio do desenvolvimento de atitudes e valores, os quais envolvem, entre outros, aspectos da vida social, da sua formação cultural, da saúde humana e da qualidade de vida, das relações do homem com a natureza e da preservação do ambiente.

Nesse contexto, mediante o ensino de ciências naturais, o aluno da escola fundamental deverá adquirir conhecimentos para formular seus conceitos e apreender de modo mais significativo o mundo que o cerca, entendendo que o que está sendo aprendido em sala de aula está também presente no seu dia a dia.

Nesse sentido, Fracalanza, Amaral e Gouveia (1986, p. 26-27) entendem que

> *o ensino de ciências nos anos iniciais, entre outros aspectos, deve contribuir para o domínio das técnicas de leitura e escrita; permitir o aprendizado dos conceitos básicos das ciências naturais e da aplicação dos princípios aprendidos a situações práticas; possibilitar a compreensão das relações entre a ciência e a sociedade e dos mecanismos de produção e apropriação dos conhecimentos científicos e tecnológicos; garantir a transmissão e a sistematização dos saberes e da cultura regional e local.*

Assim, o estudo das ciências da natureza e das ciências biológicas deve possibilitar a compreensão dos processos científicos que ocorrem no cotidiano do aluno, visando contribuir para que este tenha uma visão adequada e abrangente da ciência.

## 2.2 CONTEÚDOS DO ENSINO DE CIÊNCIAS NATURAIS NAS SÉRIES INICIAIS DO ENSINO FUNDAMENTAL: AMBIENTE, SER HUMANO E SAÚDE, RECURSOS TECNOLÓGICOS, TERRA E UNIVERSO

A seleção dos conteúdos de ciências naturais a serem ensinados nas séries iniciais do ensino fundamental deve ter como meta **promover no educando a compreensão dos fenômenos que ocorrem no mundo à sua volta – tais como**

**as transformações que ocorrem na natureza –**, demonstrando que, por meio do conhecimento científico, esse objetivo poderá ser alcançado.

Para tanto, a escolha de uma sequência de conteúdos que seja adequada a tais ensinamentos deve ser realizada, de modo que estes estejam relacionados entre si, desenvolvendo, dessa maneira, diferentes formas para explicar um mesmo conjunto de fenômenos.

Desse modo, para uma melhor estruturação dos conteúdos estudados em ciências naturais no ensino fundamental, devido à variedade de temas existentes, os PCN do ensino fundamental dividiram tais conteúdos em quatro eixos temáticos, os quais se apresentam como:

> - Vida e ambiente.
> - Ser humano e saúde.
> - Terra e universo.
> - Tecnologia e sociedade.

De acordo com essa estruturação, para cada um desses eixos temáticos existe uma sequência de conteúdos programáticos que podem estar articulados de forma interdisciplinar e contextualizada, tendo por finalidade atingir os objetivos das ciências naturais para o ensino fundamental.

> Por meio dessa estruturação, ao estudar ciências, o aluno deve compreender a relação que essa área do conhecimento tem com a sociedade, com o ambiente e com o ser humano, além de conhecer as aplicações do conhecimento científico no desenvolvimento da tecnologia.

Dessa forma, ao tratar do tema **vida e ambiente**, o aluno adquirirá conhecimento para entender a relação do homem com a natureza; como se procede a dinâmica da biodiversidade nos ambientes naturais; os tipos de ecossistemas; como os reinos da natureza são divididos e quais suas características principais; como os seres vivos são classificados e como se relacionam com o ambiente, levando em conta as questões ambientais.

Podemos dizer, então, que esse eixo temático visa promover a compreensão da diversidade da vida em diferentes meios, sendo as formas de vida dos seres vivos e suas relações com o ambiente e os outros seres vivos que nele habitam o meio para o aluno compreender o mundo à sua volta e a integração do homem com a natureza.

No caso do eixo temático **ser humano e saúde**, a criança irá compreender o funcionamento do corpo humano e os sistemas pelos quais ele é constituído – como o sistema digestório e o sistema reprodutor; as relações entre os processos vitais do corpo humano; os tipos de células, suas formas e funções; além de entender como ocorre a reprodução humana.

Para o aluno compreender o tema **ser humano e saúde**, é importante que o professor aborde questões referentes ao desenvolvimento e ao funcionamento do corpo humano, enfatizando que uma alimentação saudável é fundamental para a manutenção da saúde humana.

Além disso, é necessário, também, o professor apresentar as formas de prevenção contra doenças e enfatizar a importância de se fazer a reciclagem do lixo, bem como o tratamento de esgotos e o tratamento da água, respeitando o que o aluno já sabe, de modo que este possa ampliar seu conhecimento sobre o assunto.

Em se tratando do tema **Terra e Universo**, o aluno irá estudar as questões referentes ao nosso planeta, ao sistema solar e à origem do universo. A compreensão do universo possibilita ao aluno entender alguns fenômenos do sistema solar, que estão relacionados diretamente com a vida na Terra, bem como o leva a refletir sobre a responsabilidade das ações do homem no meio ambiente e na sociedade.

Já no que compete ao tema **tecnologia e sociedade** – tendo em vista que a vida moderna está dominada pelos avanços da ciência e da tecnologia –, é importante que o aluno compreenda as propriedades; as principais características e as aplicações dos diferentes materiais que fazem parte do seu cotidiano; as transformações químicas e físicas que ocorrem ao seu redor; bem como a composição das principais substâncias químicas.

Importa ainda, para esse eixo temático, que o aluno compreenda as formas de energia, suas transformações no ambiente e suas propriedades, além de aprender sobre os combustíveis e entender as questões referentes à eletricidade e ao magnetismo.

Tendo em vista a importância desse eixo temático, que envolve assuntos bem atuais, a reunião da Organização das Nações Unidas para a Educação, a Ciência e a Cultura (Unesco), realizada por especialistas provenientes de diferentes países, anuiu quanto à importância da inclusão de ciência e tecnologia no currículo da escola fundamental devido a vários motivos, quais sejam:

> As ciências podem ajudar as crianças a pensar de maneira lógica sobre os fatos do cotidiano e a resolver problemas práticos; tais habilidades intelectuais serão valiosas para qualquer tipo de atividade que venham a desenvolver em qualquer lugar que vivam;
> A Ciência e a Tecnologia podem ajudar a melhorar a qualidade de vida das pessoas, uma vez que são atividades socialmente úteis;
> Dado que o mundo caminha cada vez mais num sentido científico e tecnológico, é importante que os futuros cidadãos preparem-se para viver nele;
> As ciências, como construção mental, podem promover o desenvolvimento intelectual das crianças;

> As ciências contribuem positivamente para o desenvolvimento de outras áreas, principalmente a língua e a matemática;
> Para muitas crianças de muitos países, o ensino elementar é a única oportunidade real de escolaridade, sendo, portanto, a única forma de travar contato sistematizado com a ciência;
> O ensino de ciências na escola primária pode realmente adquirir um aspecto lúdico, envolvendo as crianças no estudo de problemas interessantes, de fenômenos que as rodeiam em seu cotidiano.

Fonte: Bizzo, 2010.

Para atender ao proposto anteriormente, é necessário trabalhar o **ambiente** de forma interdisciplinar, problematizadora e experimental, considerando a relação homem-natureza.

### Pare e pense

Como, então, podemos trabalhar o ambiente de forma interdisciplinar, problematizadora e experimental?

Nesse sentido, as aulas práticas podem despertar o interesse dos alunos para a compreensão dos fenômenos a serem estudados e desenvolver competências e habilidades cognitivas.

Para tanto, é necessário que o professor leve os alunos a construírem o conhecimento, tarefa que exigirá do professor um planejamento adequado das atividades a serem desenvolvidas, bem como das metodologias empregadas no processo de ensino e aprendizagem.

## 2.3 RELAÇÃO ENTRE OS CONTEÚDOS E AS DIFERENTES CIÊNCIAS: ASTRONOMIA, BIOLOGIA, FÍSICA, GEOCIÊNCIAS E QUÍMICA

Nos últimos tempos, o ensino de ciências tem procurado trabalhar de **forma interdisciplinar**, buscando uma integração com o ensino de diferentes áreas – como astronomia, biologia, física, química e geociências – com vistas a compreender situações do cotidiano.

Desse modo, **a compreensão dos fatos do cotidiano e dos fenômenos da natureza na visão de diferentes disciplinas confere à área de ciências naturais um caráter interdisciplinar**, uma vez que evidencia o conhecimento desta considerando sua interface com outras áreas do conhecimento.

Sabemos que os conteúdos abordados nas diferentes ciências devem estar integrados e articulados entre si, pois a prática pedagógica de vincular, articular, relacionar e contextualizar conhecimentos por meio de um modo interdisciplinar é essencial para que ocorra o aprendizado.

Isso é verificado na concepção de Machado (2000, p. 193), o qual afirma que a "interdisciplinaridade é uma intercomunicação efetiva entre as disciplinas, através da fixação de um objeto comum diante do qual os objetos particulares de cada uma delas constituem subobjetos".

> Nesse sentido, é fundamental que o professor desenvolva uma prática pedagógica que esteja baseada na articulação entre os aspectos teóricos e práticos de cada ciência, pois o procedimento de se trabalhar um conteúdo em conjunto irá demonstrar as ligações existentes entre as ciências, o que irá contribuir com a melhoria do aprendizado.

Segundo Silva (1999, p. 54), "a forma pela qual o professor didatiza o conteúdo de sua aula está intimamente associada à natureza desse conteúdo [...]. Por outro lado, essa forma envolve um certo grau de relacionamento com outros conhecimentos, uma certa extensão do conhecimento disciplinar".

Assim, na busca de atender às novas demandas da educação, para o professor de ciências naturais importa abordar as relações existentes entre os fatos cotidianos e científicos, bem como apresentar os conteúdos que compõem os eixos temáticos numa visão interdisciplinar.

### Pare e pense
O que, de fato, a integração das diferentes ciências possibilita ao educando?

A integração das diferentes ciências – como astronomia, biologia, física, geociências e química – constituir-se-á em um conjunto de conteúdos que irá promover a aprendizagem, bem como favorecer a apropriação de aspectos teórico-metodológicos que envolvam o aprendizado de tais ciências.

Nesse contexto, os PCN para o ensino fundamental afirmam que

> *as ciências naturais, em seu conjunto, incluindo inúmeros ramos da Astronomia, da Biologia, da Física, da Química e das Geociências, estudam diferentes conjuntos de fenômenos naturais e geram representações do mundo ao buscar compreensão sobre o Universo, o espaço, o tempo, a matéria, o ser humano, a vida, seus processos e transformações.* (Brasil, 1998, p. 23)

Nesse sentido, é possível pressupor que grande parte do conhecimento científico é obtida por meio da inter-relação entre os conhecimentos de diferentes campos do saber, visando entender um mesmo assunto sob diversas facetas, pois assim o aluno poderá entender melhor as relações no âmbito da vida, do universo, do ambiente e dos equipamentos tecnológicos.

Ainda nesse contexto, Severino (1998, p. 40) assegura que "o saber, como expressão da prática simbolizadora dos homens, só será autenticamente humano e autenticamente saber quando se der interdisciplinarmente".

Considerando-se que cada ciência possui diferentes abordagens e métodos para explicar um mesmo fenômeno, um aspecto merece ser destacado: é o fato de que, não obstante sua aquisição ocorra de modo individual, o conhecimento pressupõe uma totalidade.

É incontroverso que o ensino das ciências naturais assume uma extrema importância em decorrência de sua íntima relação com o cotidiano. Aliás, este parece ser o principal motivo pelo qual o estudante se sente estimulado a aprender um conteúdo científico – porque faz parte de sua cultura querer uma explicação mais lógica e coerente dos fatos que ocorrem no seu dia a dia.

Isso porque sabemos que é a partir dos fatos e conhecimentos do senso comum que se dá o aprendizado de ciências, pois, desse modo, o aluno se motiva a aprender, já que esse procedimento visa facilitar e dinamizar o processo de ensino-aprendizagem.

### Atenção !!!

É necessário você saber, porém, que a interdisciplinaridade não dilui as disciplinas, mas mantém sua individualidade. Ela as integra "a partir da compreensão das múltiplas causas ou fatores que intervêm sobre a realidade e trabalha todas as linguagens necessárias para a constituição de conhecimentos, comunicação e negociação de significados e registro sistemático dos resultados" (Brasil, 1999, p. 89).

Para Japiassú (1976, p. 74), a interdisciplinaridade "caracteriza-se pela intensidade das trocas entre os especialistas e pelo grau de integração real das disciplinas no interior de um mesmo projeto de pesquisa". Já de acordo com Carlos (2010), "na interdisciplinaridade há cooperação e diálogo entre as disciplinas do conhecimento, mas nesse caso se trata de uma ação coordenada". Nesse sentido, a interdisciplinaridade precisa ser planejada e estar ligada aos objetivos do processo pedagógico.

> Segundo os PCN do ensino médio (Brasil, 2000, p. 21), "na perspectiva escolar, a interdisciplinaridade não tem a pretensão de criar novas disciplinas ou saberes, mas de utilizar os conhecimentos de várias disciplinas para resolver um problema concreto ou compreender um determinado fenômeno sob diferentes pontos de vista".

A **abordagem interdisciplinar** dos conteúdos pode ser uma estratégia de ensino e aprendizagem motivadora para os alunos. Para trabalhar de forma interdisciplinar, o professor poderá desenvolver projetos de ensino, envolvendo aspectos sociais, éticos, políticos, econômicos e ambientais, visando levar o educando a construir o conhecimento.

No entanto, por mais que a **interdisciplinaridade** seja considerada um procedimento que facilita o aprendizado dos conceitos científicos, tornando-os compreensíveis para o aluno, a maioria dos currículos escolares são organizados de forma desconexa das outras áreas do conhecimento.

Esse pensamento é corroborado por Silva (1999, p. 56), quando ele afirma que "há uma 'interdisciplinaridade intrínseca' ao conhecimento escolar, a qual não é explorada em todo o seu potencial. Fazê-lo implicaria acessar outros domínios de conhecimento, justamente aquilo que é negado pela prática de ensino cotidiana".

Para modificar esse quadro, seria necessário que cada professor buscasse novos conhecimentos e organizasse suas aulas visando trabalhar a contextualização articulada com os conteúdos.

No que se refere ao estudo das ciências biológicas, as Diretrizes Curriculares Nacionais para os Cursos de Ciências Biológicas afirmam que

> *o estudo das Ciências Biológicas deve possibilitar a compreensão de que a vida se organizou através do tempo, sob a ação de processos evolutivos, tendo resultado numa diversidade de formas sobre as quais continuam atuando as pressões seletivas. Esses organismos, incluindo os seres humanos, não estão isolados, ao contrário, constituem sistemas que estabelecem complexas relações de interdependência. O entendimento dessas interações envolve a compreensão das condições físicas do meio, do modo de vida e da organização funcional interna próprios das diferentes espécies e sistemas biológicos.* (Brasil, 2001, p. 1)

Nesse sentido, mais uma vez corroboramos a necessidade de que o professor trabalhe de forma interdisciplinar, para que o aluno compreenda os processos evolutivos e seus sistemas.

**Pare e pense**
De que forma, então, o professor pode trabalhar os conceitos das ciências naturais em sala de aula?

O conceito de **ecossistema**, por exemplo, é caracterizado por Lacreu (1998, p. 143) como "um conjunto de seres vivos que interagem entre si e com um ambiente físico determinado. Existe uma relação entre os seres vivos e o ambiente. Assim como as características do ambiente influem sobre os seres vivos, esses também modificam as condições ambientais".

Nesse contexto, é pertinente estudar as cadeias alimentares, o ciclo de matéria e o fluxo de energia entre os seres vivos e o ambiente.

A **adaptação dos seres vivos** é outro conceito que precisa de outras explicativas próprias da biologia, particularmente da genética, da genética de populações e da teoria da evolução, bem como de outras ciências, como a física, a geologia e a química (Lacreu, 1998, p. 144).

É necessário, neste ponto, que o professor de ciências veja a articulação que pode ser desenvolvida com as demais ciências, visando ensinar os conteúdos de forma interdisciplinar.

As Diretrizes Curriculares da Educação Básica de Ciências do Estado do Paraná estabelecem os conteúdos estruturantes que devem ser trabalhados no ensino fundamental, a saber: astronomia, matéria, sistemas biológicos, energia e biodiversidade (Paraná, 2008).

Tomando como base o documento citado anteriormente, listamos os conteúdos a seguir:

> **Astronomia**
>> universo;
>> sistema solar;
>> movimentos celestes e terrestres;
>> astros;
>> origem e evolução do universo;
>> gravitação universal.

> **Matéria**
>> constituição da matéria;
>> propriedades da matéria.

> **Sistemas biológicos**
>> níveis de organização;
>> célula;
>> morfologia e fisiologia dos seres vivos;
>> mecanismos de herança genética.

> **Energia**
>> formas de energia;
>> conservação de energia;
>> conversão de energia;
>> transmissão de energia.

> **Biodiversidade**
>> organização dos seres vivos;
>> sistemática;
>> ecossistemas;
>> interações ecológicas;

> origem da vida;
> evolução dos seres vivos.

Fonte: Adaptado de Paraná, 2008.

Para o desenvolvimento dos **conteúdos estruturantes e básicos**, é necessário o professor trabalhar de forma interdisciplinar para que o educando compreenda a inter-relação que existe entre as ciências e também que uma ciência possibilita a maior compreensão de outra.

> Como o trabalho com temas geradores na área de ciências possibilita a articulação entre as diversas ciências, o professor precisa ser capacitado para ensinar os conteúdos de forma interdisciplinar. Para tanto, ele poderá desenvolver projetos com professores das outras ciências, visando tornar a aprendizagem mais completa e significativa para o educando.

Com relação ao planeta Terra, na **astronomia** é possível trabalhar a posição dos planetas, os dias e as noites, o satélite Lua, os movimentos de afélio e periélio, as camadas e a composição da atmosfera.

Em um outro contexto, podem ser desenvolvidas também atividades didático-pedagógicas para ensinar sobre a composição da crosta terrestre, as placas tectônicas, os animais que habitam as regiões da crosta terrestre e os diferentes tipos de rochas.

Kaufman e Serafini (1998, p. 153) afirmam que, ao trabalhar o tema **horta**, pode-se observar a textura e a cor do solo, a profundidade que as raízes atingem, as formas e texturas das folhas, os tipos e a quantidade de insetos que ali vivem, quando chove e com que intensidade, entre outras questões.

Essas autoras afirmam ainda que, na horta, poderíamos, entre outras coisas: definir como limite físico a cerca ao seu redor e basear o nosso estudo na influência que exercem as árvores de folhas perenes no crescimento e no desenvolvimento das verduras; limitar-nos a um canteiro e determinar quais são as verduras "comidas" pelas formigas; e ainda comparar o crescimento das alfaces em um canteiro regado adequadamente com outro no qual faltou água. Estabelecido o limite entre o sistema e o seu meio, produz-se entre ambos um intercâmbio de energia e matéria.

> Veja que o professor poderá explorar vários âmbitos: o tipo de solo ideal para o crescimento de cada tipo de verdura; as questões dos nutrientes necessários para o desenvolvimento das verduras; a incidência da luz solar e a fotossíntese; os seres vivos consumidores, decompositores e produtores de matéria orgânica; a morfologia das plantas, assim como as questões referentes aos nomes científicos das plantas e às épocas de plantio e colheita das verduras.

**A horta é um laboratório natural, onde a interdisciplinaridade e a aprendizagem significativa se fazem presentes**, e é importante que o olhar do professor e do aluno esteja voltado para este laboratório natural de aprendizagem.

Sarría e Scotto (1998, p. 185) defendem o tema "**alimentos: uma questão de química na cozinha**" como um laboratório onde pode ser trabalhada a química. As características sensoriais – como cor, odor, sabor, textura e aparência – podem ser percebidas pelos nossos sentidos, e as propriedades físicas – como peso específico, densidade, viscosidade, pontos de fusão e ebulição – podem ser exploradas.

Ainda podem ser trabalhadas as composições químicas de substâncias como o sal, o açúcar, o vinagre, o óleo vegetal, entre outras.

Na área da **física**, podemos trabalhar as mudanças de estado físico das substâncias, o funcionamento da panela de pressão e do micro-ondas e a velocidade de alguns aparelhos eletrodomésticos.

A queima da energia química e a transformação desta em energia térmica para cozinhar os alimentos devem ser ensinadas no ensino fundamental.

Na área da **biologia**, podemos trabalhar a decomposição dos alimentos, os métodos de conservação destes e as possíveis contaminações alimentares.

A temática pode também ser abordada de forma articulada com as disciplinas de Química, Física e Biologia. Na Química para o ensino fundamental, podem ser trabalhados os conteúdos da composição química da água, bem como a solubilidade e as substâncias utilizadas no tratamento desta; na Física, as mudanças de estados físicos da água, a condutibilidade elétrica; já na área da biologia, podem ser estudados os microrganismos contaminantes da água e os recursos hídricos para a conservação da biodiversidade.

> **Atenção !!!**
> Todos os conteúdos devem ser trabalhados com o enfoque nos aspectos sociais, éticos, políticos, econômicos e ambientais, visando ao desenvolvimento do senso crítico do aluno.

O tema **petróleo** é muito rico para ser desenvolvido no ensino fundamental, articulando saberes da Biologia, da Física e da Química. Na Biologia, podem ser trabalhadas as rochas metamórficas e os seres vivos decompositores; na área da química, podemos trabalhar a composição das rochas metamórficas, articulando os ciclos biogeoquímicos.

Sobre essa questão, afirma Russel (1986, p. 2): "A biogeoquímica é a parte da geoquímica que estuda a influência dos seres vivos sobre a composição química da Terra, caracteriza-se pelas interações existentes entre hidrosfera, litosfera e atmosfera e pode ser bem explorada a partir dos ciclos biogeoquímicos".

> **Atenção !!!**
> Adotamos o termo *biogeoquímica* como forma de entender as complexas relações existentes entre as matérias viva e não viva da biosfera, suas propriedades e modificações ao longo do tempo, a fim de aproximar ou interligar saberes biológicos, geológicos e químicos.

Os **ciclos biogeoquímicos** do carbono, do nitrogênio, do fósforo, do enxofre e o ciclo hidrológico são importantes para articular a biogeoquímica, a química, a biologia e a física.

## SÍNTESE

Neste capítulo, abordamos a organização dos conteúdos do ensino de ciências naturais no ensino fundamental, mostrando que a ciência como elaboração humana para uma compreensão do mundo é uma meta para o ensino dessa área na escola fundamental.

Evidenciamos que, devido à forte influência das tendências educacionais e do contexto social no qual o aluno está inserido, diferentes propostas para o ensino de ciências naturais têm sido apresentadas no decorrer dos últimos anos, contribuindo para o desenvolvimento da educação.

Nesse propósito, você pôde perceber que a seleção de conteúdos no ensino de ciências naturais deve priorizar a formação do aluno, de modo que possa atender as suas reais necessidades sociais de maneira contextualizada.

Apresentamos também os conteúdos do ensino de ciências naturais das séries iniciais do ensino fundamental, os quais, como você pôde verificar, estruturam-se em ambiente, ser humano e saúde, recursos tecnológicos, Terra e Universo, enfatizando que estes devem ser ensinados de forma que estejam relacionados entre si.

Por fim, vimos a relação entre os conteúdos ministrados e as diferentes ciências – como astronomia, biologia, física, geociências e química –, demonstrando a você que a integração entre elas favorece a apropriação de aspectos teórico-metodológicos que envolvem o aprendizado de tais ciências.

Tendo compreendido essa relação, esperamos que você tenha percebido que a integração de conteúdos dessas ciências, por meio de um caráter interdisciplinar, favorece o aprendizado do conhecimento científico, uma vez que gera representações do mundo ao buscar compreensão sobre o universo, o espaço, o tempo, a matéria, o ser humano, a vida e seus processos e transformações.

## INDICAÇÕES CULTURAIS

### SITE

AMBIENTE BRASIL. Carta da Terra. Disponível em: <http://ambientes.ambientebrasil.com.br/natural/carta_da_terra/carta_da_terra.html>. Acesso em: 5 maio 2010.

A Carta da Terra é um documento que trata da responsabilidade do homem na sociedade e no meio ambiente. Ela estabelece princípios como respeito e cuidado no que se refere à comunidade da vida, à integridade ecológica, à justiça social e econômica, à democracia, à não violência e à paz. Essa carta permite a reflexão e o desenvolvimento do senso crítico de professores e educandos, visando à construção da cidadania e do conhecimento.

## ATIVIDADES DE AUTOAVALIAÇÃO

[1] A interdisciplinaridade pode ser definida da seguinte forma:
   [A] É um procedimento que facilita o aprendizado dos conceitos científicos, tornando-os compreensíveis para o aluno.
   [B] Trata-se da problematização do conhecimento científico.
   [C] Trata-se da contextualização do conhecimento científico.
   [D] É caracterizada pela intensidade das trocas entre os especialistas e pelo grau de interação real das disciplinas no interior de um mesmo projeto de pesquisa.

[2] De acordo com os PCN de ciências naturais (Brasil, 1997a), relacione os conteúdos estruturantes de química com seus respectivos assuntos:
   [1] Ambiente
   [2] Ser humano e saúde
   [3] Recursos tecnológicos

[A] Por intermédio de estratégias variadas, os alunos podem construir a noção de corpo humano como um todo integrado, o qual expressa as histórias de vida dos indivíduos, cuja saúde depende de um conjunto de atitudes e de interações com o meio – como alimentação, higiene pessoal e ambiental, vínculos afetivos, inserção social, lazer e repouso adequados.

[B] Muitos e diversos são os assuntos que permitem aos alunos desse ciclo ampliar as noções acerca das técnicas que medeiam a relação do ser humano com o meio, como também verificar aspectos relacionados às consequências do uso e ao alcance social. A escolha dos estudos a serem realizados pode tomar como referência os problemas ambientais locais.

[C] No segundo ciclo, ampliam-se as noções de ambiente natural e ambiente construído, por meio do estudo das relações entre seus elementos constituintes, especialmente o solo e a água. Algumas fontes e transformações de energia são abordadas, neste bloco, em conexão com o bloco "recursos tecnológicos".

Assinale a alternativa que apresenta a associação correta:

[A] 1-b; 2-a; 3-c.
[B] 1-a; 2-b; 3-c.
[C] 1-c; 2-a; 3-b.
[D] 1-a; 2-c; 3-b.

[3] Sobre os PCN de Biologia, são feitas as seguintes afirmativas:

[I] Nas ciências biológicas são estudados somente os processos evolutivos.

[II] O estudo das ciências biológicas deve possibilitar a compreensão de que a vida se organizou através do tempo sob a ação de processos evolutivos, tendo resultado numa diversidade de formas sobre as quais continuam atuando as pressões seletivas.

[III] Nas ciências biológicas, é importante compreender as condições físicas do meio, o modo de vida e a organização funcional interna próprios de diferentes espécies e sistemas biológicos.

[IV] O estudo das ciências biológicas deve possibilitar a compreensão dos processos biológicos, físicos, químicos etc.

[V] Nas ciências biológicas são estudados somente os processos bioquímicos.

Identifique a alternativa que apresenta as afirmativas corretas:

[A] I, II, IV e V.
[B] II e III.
[C] III e V.
[D] I, II, III.

[4] Sobre o ensino de ciências, é correto afirmar:
  [I] Os PCN de ciências naturais recomendam que o ensino de ciências seja contextualizado, problematizado e trabalhado de forma interdisciplinar.
  [II] É necessário ser trabalhada a história da ciência.
  [III] A experimentação problematizadora no ensino de Ciências permite o desenvolvimento do senso crítico do aluno.

[IV] O desenvolvimento de atividades que permitam o trabalho dos conteúdos baseados em temas geradores pode proporcionar a alfabetização científica do educando.

Identifique a alternativa que apresenta as afirmativas corretas:

[A] I, II, III.
[B] II e III.
[C] I, II, III, IV.
[D] I e II.

[5] De acordo com Russel (1986), a biogeoquímica pode ser definida da seguinte forma:
[A] É o estudo das reações orgânicas que ocorrem no meio ambiente.
[B] É o estudo dos fenômenos químicos.
[C] É o estudo dos fenômenos físicos.
[D] É a parte da geoquímica que estuda a influência dos seres vivos sobre a composição química da Terra, caracterizando-se pelas interações existentes entre hidrosfera, litosfera e atmosfera. Pode ser bem explorada a partir dos ciclos biogeoquímicos.

## ATIVIDADES DE APRENDIZAGEM
QUESTÕES PARA REFLEXÃO

[1] Como tornar os conteúdos das áreas de ciências, como a química, a física e a biologia, interdisciplinares?

[2] Qual o valor social do conhecimento científico?

## ATIVIDADES APLICADAS: PRÁTICA

[1] Visita ao jardim botânico

Planeje uma visita de campo ao jardim botânico de sua cidade e solicite que os alunos:

[A] anotem os nomes científicos das plantas;

[B] pesquisem as principais características das plantas;

[C] pesquisem a distribuição geográfica das plantas;

[D] escolham uma planta (individualmente) que conheceram no jardim botânico, para pesquisar sobre os principais nutrientes importantes para seu crescimento, suas características etc.;

[E] observem se a planta escolhida vive em uma região de pleno sol ou em uma região sombreada;

[F] observem os animais presentes no jardim botânico;

[G] pesquisem sobre como os animais conseguem energia para sobreviver.

[2] Leitura orientada: articulando a física e a astronomia

Leia o seguinte artigo:

CARVALHO, S. H. M. Uma viagem pela física e astronomia através do teatro e da dança. Física na Escola, v. 7, n. 1, p. 12, 2006. Disponível em: <http://www.sbfisica.org.br/fne/Vol7/Num1/v12a04.pdf>. Acesso em: 25 maio 2010.

Oriente o desenvolvimento da peça teatral apresentada no artigo com os alunos do ensino fundamental. Esse artigo também poderá servir de base para que o professor desenvolva outras peças teatrais relacionadas com a disciplina de Ciências, adequadas a cada ciclo de aprendizagem.

[ 3 ] Experimento

**O efeito estufa diante de seus olhos!**

Você vai precisar de:

> dois copos com água;
> uma caixa de sapatos
> filme plástico;
> papel alumínio;
> luz do Sol ou de uma luminária.

**Modo de fazer**:

Forre o interior da caixa com o papel-alumínio, coloque um dos copos com água dentro dela e tampe-a com o filme plástico. Depois, coloque a caixa e o segundo copo com água na direção de uma luz forte. Um dia ensolarado é perfeito para realizar essa experiência! Mas, se não der para sair de casa, você pode usar uma luminária. Depois de uns 15 minutos, abra a caixa e veja qual copo d'água está mais quente. Se você tiver um termômetro, pode conferir com ele, mas é possível sentir com o dedo mesmo!

**O que aconteceu?**

A água do copo da caixa esquentou mais! Isso porque o ar do interior da caixa foi aquecido pela luz que passou pelo filme plástico e não conseguiu sair, ficou preso lá dentro.

A mesma coisa acontece com o nosso planeta! É o que chamamos de *efeito estufa*: a luz do Sol atravessa a atmosfera e aquece a superfície do planeta, mas o calor não consegue sair para o espaço porque os gases de efeito estufa que envolvem a Terra não deixam. Esse efeito é um evento natural que permite a vida em nosso planeta. Sem ele, a Terra ficaria muito fria e não teria uma variedade de espécies tão grande. Mas a poluição tem desregulado esse efeito. A queima de florestas e de combustível dos carros e a poluição do ar provocada pelas indústrias têm aumentado a quantidade desses gases estufa. Por isso, o planeta está se aquecendo mais do que deveria!

Fonte: A redação, 2010.

## Sugestão:

[1] Antes de observar a temperatura da água dos copos, ensine os alunos a elaborarem hipóteses sobre a questão.

[2] Após a realização do experimento, faça com que os alunos debatam se as hipóteses levantadas foram verdadeiras ou falsas.

[3] Solicite que expliquem por que as hipóteses foram verdadeiras ou falsas.

[4] Peça que os alunos respondam às seguintes questões:
   [A] Como o efeito estufa pode afetar a biodiversidade?
   [B] Como podemos reduzir a liberação do gás carbônico para a atmosfera?

três...

# Princípios de sistematização do ensino de ciências: do método científico ao método de ensino

No capítulo anterior, enfatizamos a importância da seleção de conteúdos nas séries iniciais no ensino das ciências naturais, de modo que o aluno, por meio do entendimento desses conteúdos, adquira habilidades para compreender a ciência como um processo de produção de conhecimento e uma atividade humana que está associada a aspectos de ordem social, econômica, política e cultural.

Neste capítulo, apresentaremos ao leitor os **métodos de ensino e aprendizagem**, retratando as principais características do método científico, visando contribuir com a ação pedagógica do professor e com a qualidade da educação.

Você será apresentado aos conceitos de **método** e **metodologia**, de modo a identificar os aspectos que os diferenciam, bem como às definições de método científico e método de ensino, suas principais características e como são desenvolvidos no processo de ensino-aprendizagem dos conteúdos científicos.

Pretendemos demonstrar, ainda, como as diferentes metodologias de ensino aplicadas podem contribuir com o processo de construção do conhecimento científico.

Por fim, veremos quais as implicações pedagógicas na aplicação do método de investigação científica na produção do conhecimento.

## 3.1 METODOLOGIA DE ENSINO

Considerando-se que o entendimento das disciplinas das áreas de ciências naturais e biológicas depende de uma excessiva memorização de conceitos, simbologias, nomes e fórmulas, e que isso se constitui, muitas vezes, em uma grande dificuldade por parte do aluno, faz-se necessário adotar metodologias de ensino que forneçam subsídios teóricos e práticos para o processo de ensino-aprendizagem dessas disciplinas.

No entanto, para que você compreenda o que é a **metodologia de ensino**, é necessário definir o que se entende por **método**.

> **Pare e pense**
> Então, o que é o método?

Muitos autores – dos quais falaremos a seguir – apresentam suas definições para explicar o que seja o **método**; no entanto, cada definição depende do enfoque pelo qual ele é analisado.

Todavia, apesar de suas diferenças, tais autores compartilham a mesma ideia sobre a concepção desse conceito.

Assim, entre várias versões, você será apresentado a algumas interpretações com o objetivo de esclarecer de alguma forma o que o método representa.

> De acordo com Nérici (1981, p. 266), o termo *método*, derivado do latim *methodus*, etimo-logicamente significa "caminho para se chegar a um fim, para se alcançar um objetivo".

Didaticamente, segundo Nérici (1992), o conceito de método está vinculado ao planejamento de ensino, tendo em vista que o caminho utilizado para se alcançar os objetivos estipulados em um planejamento de ensino se dá por meio do método empregado.

Marconi e Lakatos (2000, p. 46) consideram que o método "é o conjunto das atividades sistemáticas e racionais que, com maior segurança e economia, permite alcançar o objetivo – conhecimentos válidos e verdadeiros –, traçando o caminho a ser seguido, detectando erros e auxiliando as decisões do cientista".

Essas autoras aduzem ainda que o método se constitui em uma série de regras que têm por finalidade explicar um fato com base em hipóteses ou teorias, as quais devem ser testadas experimentalmente e podem ser comprovadas ou refutadas.

Podemos dizer ainda que, na visão de Bastos e Keller (1989, p. 95), "o método é um procedimento de investigação e controle que se adota para o desenvolvimento rápido e eficiente de uma atividade qualquer".

> Com base nos conceitos apresentados por esses autores e tendo em vista o significado da palavra *método* a partir de sua origem grega (*meta* = meta e *hodos* = caminho), entendemos que o método é um instrumento de trabalho utilizado para se alcançar uma meta preestabelecida.

O método assim compreendido nos leva a entender que existem diferenças entre os vários métodos que podem ser utilizados para que cheguemos a um determinado resultado e que não há um que seja considerado ideal para transmitirmos uma dada informação, mas sim um conjunto de métodos combinados entre si que levam ao resultado esperado.

Pereira (2000) diz que a escolha do melhor método para se chegar a um resultado irá depender do pesquisador ou, como ele afirma,

> *o método é uma questão de escolha do pesquisador [...]. É uma tarefa que cabe a cada um deles em particular, já que o método depende, certamente, tanto do que se pretende conhecer (o objeto), quanto da especificidade daquilo que se pretende conhecer, mas, principalmente, da inevitável indissociabilidade*

> *entre teoria e prática, embutida na visão de mundo que cada pesquisador tem.* (Pereira, 2000, p. 52)

Em função do objetivo que se pretende alcançar e do conteúdo que irá ser trabalhado, é necessário escolher um método de ensino que seja mais adequado.

> **Pare e pense**
> E quais métodos de pesquisa devem ser utilizados?

É necessário, antes, você conhecer alguns métodos de pesquisa existentes. Entre os mais usuais, destacamos o **método dedutivo** e o **método indutivo**.

Segundo Bastos e Keller (1989, p. 95), a **dedução** é um discurso mental pelo qual a inteligência passa do conhecido ao desconhecido, ou seja, descobre uma verdade a partir de outras que já conhece. Já a **indução** é o método que parte da enumeração de experiências ou casos particulares para chegar a conclusões de ordem universal.

A indução, para Marconi e Lakatos (2000), realiza-se em três etapas: primeiramente, observam-se atentamente os fatos ou os fenômenos; em seguida, faz-se o agrupamento dos fatos ou fenômenos da mesma espécie, segundo a relação constante que se nota entre eles; e, por fim, chega-se a uma classificação, fruto da generalização da relação observada.

No entanto, mesmo apresentando diferenças quanto ao modo de elaborar uma teoria científica, os dois métodos podem ser utilizados com esse propósito, como veremos na sequência:

### Método dedutivo
> Parte de alguma grande ideia ou teoria que, por meio de experiências, poderiam ou não ser confirmadas.
> Parte de casos gerais para o particular.

### Método indutivo
> Em um trabalho de investigação, o cientista deveria coletar e ordenar os dados obtidos e fazer comparações entre eles, para só depois transmiti-los.
> Testa uma hipótese geral bem fundamentada, que deveria ser testada numa experiência decisiva.
> Parte de casos particulares para o geral.

Ao longo de um trabalho científico, todo pesquisador acaba, via de regra, valendo-se quase que obrigatoriamente de diversos recursos metodológicos para realizá-lo [...], não seguindo um único método, um único procedimento, um único enfoque (Pereira, 2000). Assim, cada pesquisador vai definir uma forma de trabalhar a pesquisa, ou seja, vai utilizar uma determinada metodologia.

### Pare e pense
No que consiste a metodologia?

No que diz respeito à metodologia, podemos dizer que consiste em um conjunto de ações, procedimentos, técnicas e teorias que são aplicados para facilitar a pesquisa em qualquer área do conhecimento, já que, por meio da metodologia aplicada, são traçadas as linhas de ação para obtermos as informações necessárias a respeito de um determinado assunto.

## Simplificando

A metodologia de ensino se refere às situações do processo de ensino-aprendizagem em que um conjunto de métodos é aplicado no processo pedagógico a fim de conduzir a prática educativa do professor.

Isso se verifica na concepção de Nérici (1981, p. 266), quando diz que a metodologia do ensino é "o conjunto de procedimentos didáticos, representados por métodos e técnicas de ensino que visam levar a bom termo a ação didática, que é alcançar os objetivos do ensino e, consequentemente, os da educação, com mínimo esforço e máximo rendimento".

**A metodologia de ensino se configura como centro da prática pedagógica**, sendo que o conjunto de métodos e regras aplicados é desenvolvido como um roteiro geral, de modo a contribuir com a prática docente, visando promover a aprendizagem do aluno e a obtenção dos objetivos estabelecidos durante o processo de ensino-aprendizagem.

Nesse processo pedagógico, podemos verificar que a metodologia do ensino aplicada deverá promover a inter-relação entre o conteúdo ensinado, o método aplicado, a técnica e a avaliação desenvolvida durante o período letivo.

À luz da aplicação de metodologias de ensino, podemos verificar que muitas questões podem ser utilizadas com o propósito de auxiliar o professor no planejamento da ação pedagógica, possibilitando que ele trabalhe os conteúdos se valendo de diferentes estratégias de ensino e aprendizagem.

> **Pare e pense**
>
> E quais são as questões que podem auxiliar o professor a planejar sua prática pedagógica?

Nesse sentido, Nérici (1992, p. 54), discorrendo sobre a necessidade de o professor alterar a metodologia de ensino, afirma que esta "deve ser encarada como um meio e não um fim, pelo que deve haver, por parte do professor, disposição para alterá-la, sempre que sua crítica sobre a mesma o sugerir. Assim, não se deve ficar escravizado à mesma, como se fosse algo sagrado, definitivo, imutável".

> Já é de seu conhecimento que a aprendizagem constitui um processo dinâmico. Assim, a escolha das metodologias a serem desenvolvidas em sala de aula deve ser feita de modo que a prática pedagógica do professor seja capaz de instrumentalizar o aluno com habilidades para estabelecer ligações com outros campos do conhecimento.

No caso da aprendizagem dos conceitos científicos no estudo de ciências, são muitas as dificuldades encontradas pelos alunos. Em razão disso, alternativas metodológicas têm sido criadas com o intuito de melhorar esse quadro.

Para trabalhar de forma diferenciada com uma turma de alunos, é necessário, antes de tudo, conhecê-la bem, saber quais suas dificuldades, seus limites, pois, desse modo, o professor poderá definir com clareza as melhores estratégias e os melhores métodos a serem aplicados para alcançar o objetivo esperado.

## 3.2 MÉTODO CIENTÍFICO

Ao longo do tempo, o homem vem utilizando diferentes métodos para explicar os fatos que observa ao seu redor. Assim, o conhecimento vem sendo construído, desconstruído e reconstruído por exigência do desenvolvimento da ciência, da tecnologia e da sociedade.

Nesse processo de construção e de reconstrução do conhecimento, o homem tentou explicar os fenômenos da natureza, porém, com o passar dos anos, entendeu que havia a necessidade de investigar tais fenômenos de um modo mais preciso e objetivo.

A ciência, portanto, evoluiu com o intuito de descobrir a verdade. Para isso, utilizou um método de trabalho que lhe permitiu realizar importantes descobertas para a humanidade.

Com base nessas considerações, você poderá compreender que, para realizar uma investigação científica, a ciência se apropriou de um modo organizado de trabalho, o qual permite a criteriosa observação, interpretação e explicação dos fenômenos.

> Esse modo organizado de trabalho designa o que se costuma chamar de *método científico*, o qual se constitui em um conjunto de etapas a serem seguidas ordenadamente na investigação de um fenômeno.

De acordo com Cotrim (2002, p. 240), "o método científico apresenta, de modo geral, uma estrutura lógica que se manifesta nas etapas a serem percorridas para a solução de um problema".

O desenvolvimento da ciência se deu por intermédio do **método científico**, cujo fundamento se encontra no modo organizado de se fazer uma investigação e um controle rigoroso das observações.

Esse método tem o propósito de esclarecer os questionamentos acerca dos processos que promovem o desenvolvimento do conhecimento científico. Dessa maneira, consagrou o uso da experiência como técnica de busca do conhecimento, além de demonstrar a importância da observação como processo investigativo.

Contudo, para um método ser compreendido como *científico*, de um modo geral, alguns passos fundamentais são quase sempre seguidos. Assim, podemos dizer que as etapas mais importantes a serem seguidas nesse método, segundo Souza (1995), Cotrim (2002) e Aranha e Martins (2003), são as seguintes:

> **Observação**: é a forma de obter dados iniciais sobre a investigação que se quer fazer.
> **Hipótese**: é a suposição de um fato a ser testado, uma explicação provisória que venha a ser verificada na pesquisa que está sendo realizada.
> **Experimentação**: é o conjunto de técnicas realizadas diversas vezes com o objetivo de testar a hipótese formulada.
> **Generalização**: é a conclusão a que se chega a partir da comparação dos resultados obtidos e das análises desses resultados após a realização dos experimentos.
> **Teoria e modelo**: é o enunciado universal para explicar os fenômenos observados.

Esquematicamente, o método científico pode ser representado do seguinte modo:

Observação de fatos
↓
Formulação de hipóteses
↓
Experimentação
↓
Generalização dos resultados
↓
Proposição da teoria científica

A sequência ordenada dessas etapas constitui o método científico e é utilizada no trabalho das ciências experimentais, desempenhando um papel importante para que o conhecimento científico seja alcançado.

O entendimento da sequência das etapas da realização do método científico é considerado um tópico importante na aprendizagem científica, pois, segundo Moreira e Ostermann (1993, p. 108), "principalmente no ensino de ciências nas séries iniciais, é bastante comum os professores enfatizarem a aprendizagem do método cientifico. Mais importante do que aprender significados corretos de alguns conceitos científicos é aprender as etapas do método científico".

Muito embora as etapas do método científico aqui descritas não sejam sempre todas seguidas e não se constituam em regra geral para se fazer uma investigação científica, alguns procedimentos, como a observação, a experimentação, a formulação de hipóteses e o rigor para a obtenção dos resultados, são constantemente aplicados nesse processo.

> Nesse sentido, a adoção do método científico para realizar observações meticulosas e controladas de um fenômeno, elaborar uma ou mais hipóteses a respeito do problema, testar a hipótese formulada por meio da experimentação, interpretar e analisar a hipótese testada, bem como generalizar e propor uma teoria explicativa para o fato observado, constitui-se em uma das formas como a ciência busca interpretar e explicar a natureza.

É notório que a experimentação entre esses procedimentos contribui muito para o ensino das ciências naturais e biológicas, pois constitui uma estratégia significativa para se fazer a contextualização de determinados conteúdos dessa área, haja vista que os conteúdos científicos, muitas vezes, apresentam-se com alto nível de complexidade e abstração.

Assim, fica evidente para o ensino das ciências naturais a importância das **aulas práticas**, as quais podem ser realizadas em laboratório ou na própria sala de aula, pois, além de despertar o interesse do aluno, por meio da sua participação ativa no processo, esse procedimento permite que a aprendizagem científica se torne mais interessante.

> A realização de aulas práticas em sala de aula pode ocorrer por meio da utilização de experimentos simples, na própria sala ou no laboratório. Essa metodologia favorece a interação aluno-professor e possibilita o desenvolvimento do espírito investigativo dos alunos.

Esses experimentos, além de possíveis de serem realizados em sala de aula, devem ser desenvolvidos de forma contextualizada e problematizada, visando levar o aluno a construir o conhecimento.

## 3.3 MÉTODO DE ENSINO

Como você pôde verificar, a metodologia de ensino é constituída por métodos e técnicas de ensino que visam conduzir o trabalho docente com vistas à efetivação do aprendizado do aluno.

Esses métodos e técnicas representam os recursos metodológicos de que se pode lançar mão (Nérici, 1981), tendo em vista que o método de ensino deve se configurar um processo dinâmico, o qual pode ser modificado de acordo com a realidade do professor.

Podemos entender, então, que os métodos de ensino são os meios utilizados pelo professor para ministrar os conteúdos, os quais abrangem as estratégias e os procedimentos de ensino-aprendizagem, que são adotados para que uma aprendizagem efetiva seja obtida. Isso tendo em vista que a escolha do método ou da técnica a ser aplicada em sala de aula deverá refletir em melhores resultados no processo de ensino-aprendizagem.

> Por meio dos métodos de ensino, utilizados em sala de aula, o professor terá subsídios para identificar os problemas de aprendizagem do aluno, bem como para perceber e avaliar os erros e acertos durante o processo e também avaliá-los.

Desse modo, o professor pode buscar soluções e definir as estratégias de ação para sua prática docente, necessárias para que todo o seu planejamento seja reestruturado no momento que ele achar necessário.

A reestruturação da prática pedagógica do professor é enfatizada por Gil-Pérez e Carvalho (2000, p. 18), quando dizem que

> *dessa forma, a complexidade da atividade docente deixa de ser vista como um obstáculo à eficácia e um fator de desânimo, para tornar-se um convite a romper com a inércia de um ensino monótono e sem perspectivas, e, assim, aproveitar a enorme criatividade potencial da atividade docente.*

Os **métodos de ensino em grupo**, segundo Nérici (1992), são aqueles nos quais os educandos interagem entre si, em pequenos grupos, cujo funcionamento se baseia na dinâmica de grupo – como o método da discussão, do debate, do estudo dirigido (em grupo), do painel etc.

Segundo Nérici (1992), todo método de ensino tem de acompanhar o esquema de desenvolvimento de um ciclo docente, que fundamentalmente consta de três partes: **planejamento**, **execução** e **avaliação**.

> O professor precisa planejar suas ações didático-pedagógicas objetivando sistematizar sua ação docente, pois só assim poderá saber o conteúdo a ser desenvolvido e os objetivos a serem levantados para ensinar determinado conteúdo, além de refletir sobre os meios, as metodologias, as estratégias de ensino e aprendizagem e os recursos necessários para o desenvolvimento desse conteúdo.

Para Farias et al. (2009, p. 107), "o planejamento é uma ação reflexiva, viva e contínua. Nesse sentido, o professor precisa avaliar a sua práxis docente, visando identificar os possíveis erros e acertos didático-pedagógicos no processo de ensino e aprendizagem". Esse fazer deve ser constante, uma vez que pode proporcionar mudanças no planejamento e no desenvolvimento das aulas.

No que diz respeito às estratégias de ensino de ciências naturais, as **aulas experimentais** são comumente apontadas pelos alunos como mais interessantes e motivadoras, quando comparadas às aulas tradicionais teóricas. Isso acontece porque, por meio dos experimentos, o aluno consegue relacionar o que foi abordado na teoria com o que realiza na prática.

A integração de diferentes metodologias no processo de ensino-aprendizagem visa promover uma aprendizagem mais dinâmica e inovadora para o aluno, além de ser mais significativa e dinamizar a prática pedagógica dos professores.

A metodologia aplicada pelo professor pode ser considerada um processo de construção pessoal, uma vez que é desenvolvida ao longo de sua experiência profissional. Segundo Schnetzler e Aragão (2006, p. 158),

> *muito embora encontremos, atualmente, formas diferenciadas de ensino tradicional, configuradas em função do estilo cognitivo do professor, não parece haver dúvidas de que a prática pedagógica de cada professor manifesta suas concepções de ensino, de aprendizagem e de conhecimento, como também suas crenças seus sentimentos, seus compromissos políticos e sociais.*

> **Pare e pense**
> Mas o que é necessário para que o professor alcance um patamar que lhe garanta realizar a construção de uma metodologia adequada?

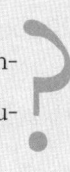

É necessário, antes de tudo, que esteja capacitado para tal, além de sempre estar se renovando quanto a esse processo.

Nesse contexto, é sabido por todos aqueles dedicados ao estudo das mazelas existentes na educação brasileira que um dos grandes problemas – o qual ainda precisa ser trabalhado – é a questão da **formação dos educadores**. Em função disso, essa é uma temática que ocupa papel de destaque nas discussões político-educacionais (Machado, 2000, p. 95).

Ainda com relação à temática da construção da metodologia, Farias et al. (2009, p. 320) asseguram que, "para escolher uma estratégia de ensino, o professor deve considerar, além dos fins educativos, a adequação ao conteúdo programático, às características dos alunos, aos recursos materiais e ao tempo disponível para o estudo".

A **exposição oral** é uma estratégia de ensino e aprendizagem frequente na sala de aula. Normalmente, o professor transmite o conhecimento sem contextualizar, problematizar ou trabalhar os aspectos sociais pertinentes.

Já na **exposição dialogada**, o professor valoriza os conhecimentos prévios dos alunos, contextualiza, problematiza e procura trabalhar os aspectos sociais, éticos, políticos, econômicos e sociais do assunto tratado com eles.

De acordo com Farias et al. (2009, p. 134-135), na prática pedagógica,

> *a exposição dialogada responde a três objetivos: abrir um tema para estudo; fazer uma síntese do assunto explorado; alimentar o processo de conhecimento mediante a socialização de recentes descobertas, atualização de dados e apresentação de novas fontes de informação. Sua execução é constituída dos seguintes momentos: contextualização do tema, visando mobilizar os alunos para o estudo pela apresentação de situações-problemas, fatos, casos ilustrativos; a exposição propriamente dita; e a síntese integradora.*

O **estudo dirigido** consiste em fazer o aluno estudar um assunto tendo como base um roteiro elaborado pelo professor. Esse roteiro estabelece a extensão e a profundidade do estudo (Haydt, 2006, p. 159). Ao professor, cabe elaborar roteiros contendo tarefas operatórias que mobilizem e dinamizem as operações cognitivas.

As **aulas de demonstração** em Biologia servem, principalmente, para apresentar à classe: técnicas, fenômenos, espécimes etc. Sobre isso, afirma Krasilchik (2008, p. 85): "A demonstração é justificada em casos nos quais o professor deseja economizar tempo ou não dispõe de material em quantidade suficiente para toda a classe".

De acordo com Hofstein e Lunneta (1982), citados por Krasilchik (2008, p. 85), as principais funções das aulas práticas, reconhecidas na literatura sobre o ensino de ciências, são:

> despertar e manter o interesse dos alunos;
> envolver os estudantes em investigações científicas;
> desenvolver a capacidade de resolver problemas;
> desenvolver a compreensão de conceitos básicos;
> desenvolver habilidades.

As aulas práticas permitem a articulação entre a teoria e a prática e, por isso, ao desenvolvê-las, o professor precisa fazer um bom planejamento.

> **Pare e pense**
> E como fazer um bom planejamento?

O **método de projetos** permite trabalhar os conteúdos por meio dos temas geradores. Estes devem ser selecionados de acordo com o cotidiano dos alunos, a fim de que tenham significado para eles e despertem o interesse no estudo.

Verifique que o trabalho com o método de projetos possibilita que o professor organize atividades didático-pedagógicas que trabalhem os aspectos sociais, políticos, econômicos, históricos, éticos e ambientais, de acordo com a temática do projeto em estudo.

> De acordo com Krasilchik (2008, p. 110), "**projetos** são atividades executadas por um aluno ou por uma equipe de alunos para resolver um problema, as quais resultam em relatório, modelo, enfim, em um produto final concreto".

A participação dos alunos nos projetos deve acontecer já no início do desenvolvimento da atividade, na escolha do tema. É importante que o professor faça com que eles participem da escolha da temática, pois, dessa maneira, é possível verificar o interesse dos alunos e, assim, partir de algo relacionado com o cotidiano deles.

> **Atenção !!!**
>
> O professor tem o papel mediador no desenvolvimento do projeto. Ele deverá planejar e orientar todas as atividades com os alunos, além de acompanhar o desenvolvimento, a obtenção e a discussão dos resultados encontrados.

O método de projeto permite a participação ativa e efetiva dos alunos, além de possibilitar o desenvolvimento de habilidades e competências.

De acordo com os Parâmetros Curriculares Nacionais (PCN) de ciências naturais,

> *a aprendizagem significativa pressupõe a existência de um referencial que permita aos alunos identificar e se identificar com as questões propostas. Essa postura não implica permanecer apenas no nível de conhecimento que é dado pelo contexto mais imediato, nem muito menos pelo senso comum, mas visa gerar a capacidade de compreender e intervir na realidade, numa perspectiva autônoma e desalienante.* (Brasil, 1997a, p. 36)

Assim, para que haja uma aprendizagem significativa, é necessário que o professor trabalhe os conteúdos curriculares levando em consideração os conhecimentos prévios dos alunos, promovendo, assim, a interação homem-natureza.

## 3.4 IMPLICAÇÕES PEDAGÓGICAS QUE ENVOLVEM O MÉTODO DE INVESTIGAÇÃO CIENTÍFICA E A PRODUÇÃO DO CONHECIMENTO

A **pesquisa científica**, segundo Bastos e Keller (1989, p. 62-63), "é uma investigação metódica acerca de um assunto determinado com o objetivo de esclarecer aspectos do objeto em estudo", sendo os métodos utilizados:

> **Pesquisa de campo**: consiste na obtenção de informações e conhecimentos a respeito de problemas para os quais se procura resposta, bem como na busca de confirmação para hipóteses levantadas, e, finalmente, na descoberta de relações entre fenômenos ou entre os próprios fatos novos e suas respectivas explicações.

> **Pesquisa de laboratório**: constitui-se naquela pesquisa em que o pesquisador procura refazer as condições de um fenômeno a ser estudado a fim de observá-lo sob controle; exige local apropriado (laboratório) e instrumentação especial.

> **Pesquisa bibliográfica**: consiste na consulta de livros, artigos científicos e *sites* oficiais sobre o objeto de estudo em questão.

> **Atenção ! ! !**
>
> Para efetivar uma pesquisa, é necessário que o pesquisador tenha um conhecimento adequado na área que pretende abordar, subentendendo-se, pois, a exigência de uma qualificação científica que advém da atuação profissional e do empenho intelectual.

Nesse sentido, Oliveira Netto (2006, p. 7) explica que

> *é a partir da consideração dos conhecimentos científicos adquiridos que podemos dimensionar o grau de profundidade e extensão com que se pretende abordar o tema. Além disso, o pesquisador deve possuir conhecimentos acerca da tipologia de raciocínios que devem ser utilizados na investigação sistemática do tema definido.*

Delizoicov, Angotti e Pernambuco (2007) consideram que esse tipo de senso comum está marcadamente presente em atividades como:

> *regrinhas e receituários; classificações taxonômicas; valorização excessiva pela repetição sistemática de definições, funções e atribuições de sistemas vivos ou não vivos; questões pobres para prontas respostas igualmente empobrecidas; uso indiscriminado e acrítico de fórmulas e contas em exercícios reiterados; tabelas e gráficos desarticulados ou*

> *pouco contextualizados relativamente aos fenômenos contemplados; experiências cujo único objetivo é a "verificação da teoria".* (Delizoicov; Angotti; Pernambuco, 2007, p. 32)

Já Aranha (2006, p. 44) destaca três aspectos importantes no que se refere à formação do professor:

> *Qualificação: o professor precisa adquirir os conhecimentos científicos indispensáveis para o ensino de um conteúdo específico.*
>
> *Formação pedagógica: a atividade educativa supera os níveis do senso comum, para se tornar uma atividade sistematizada que visa transformar a realidade.*
>
> *Formação ética e política: o professor educa a partir de valores, tendo em vista a construção de um mundo melhor.*

Gil-Pérez e Carvalho (2000, p. 22), por sua vez, afirmam que, para que o professor compreenda o conteúdo da disciplina que está ensinando, muitos conhecimentos são necessários, entre os quais podem ser citados os seguintes:

> › *conhecer os problemas que originaram a construção dos conhecimentos científicos (sem o que os referidos conhecimentos surgem como construções arbitrárias). Conhecer, em especial, quais foram as dificuldades e os obstáculos epistemológicos;*

> *conhecer as orientações metodológicas empregadas na construção dos conhecimentos, isto é, a forma como os cientistas abordam os problemas, as características mais notáveis de sua atividade, os critérios de validação e a aceitação das teorias científicas;*
> *conhecer as interações ciência/tecnologia/sociedade associadas à referida construção, sem ignorar o caráter, em geral, dramático, do papel social das ciências; a necessidade da tomada de decisões.*
> *ter algum conhecimento dos desenvolvimentos científicos recentes e suas perspectivas, para poder transmitir uma visão dinâmica, não fechada, da ciência; Adquirir, do mesmo modo, conhecimentos de outras matérias relacionadas, para poder abordar problemas afins, as interações entre os diferentes campos e os processos de unificação.*
> *saber selecionar conteúdos adequados que deem uma visão correta da ciência e que sejam acessíveis aos alunos e suscetíveis de interesse;*
> *estar preparado para aprofundar os conhecimentos e para adquirir outros novos.*

Como você pode observar, trata-se de orientar o trabalho de formação dos professores como uma pesquisa dirigida, contribuindo, assim, de forma funcional e efetiva, para a transformação das concepções iniciais de cada professor (Gil-Pérez; Carvalho, 2000).

Gil-Pérez e Carvalho (2000) mencionam ainda que, nos cursos de formação de professores de ciências, é importante trabalhar a história da ciência como forma de associar os conhecimentos científicos aos problemas que originaram sua construção. Dessa forma, viabiliza-se uma visão dinâmica, não fechada, da ciência e enfatizam-se os aspectos históricos e sociais que marcam o desenvolvimento científico.

Em relação a essa questão, Gil-Pérez e Carvalho (2000, p. 18) afirmam que

> *qualquer estudo sobre metodologia e epistemologia da Ciência revela certas exigências para o trabalho científico tão amplas como as do trabalho docente; contudo, a nenhum cientista é exigido que possua o conjunto de conhecimentos e destrezas necessários para o desenvolvimento científico: é muito claro que se trata de uma tarefa coletiva.*

Sobre isso, consideremos outra visão, a de Abrantes e Martins (2007), segundo a qual a aplicação prática do conhecimento produzido não pode estar alheia ao conhecimento científico que está em processo de construção. Como esses autores afirmam:

> *parece-nos que discutir a produção do conhecimento, com base na afirmação da unidade contraditória que caracteriza a relação sujeito e objeto, pressupõe considerar a necessidade de desenvolvimento do pensamento resultante da apropriação dos saberes*

> *historicamente produzidos, bem como abordar aspectos indissociavelmente implicados que se desdobram nessa discussão. Se, por um lado, a produção do conhecimento está implicada com o conhecimento já produzido – e, portanto, com processos de ensino escolar; por outro, o processo de construção desse conhecimento não está imune à determinação das necessidades práticas do ser humano.* (Abrantes; Martins, 2007, p. 321)

O professor deve criar, então, condições favoráveis à aprendizagem do aluno. Para tanto, Schnetzler (1992, p. 18) aponta que

> *a aprendizagem é um processo idiossincrático do aluno (e ele deve ser informado disso para se sentir responsável pelo seu próprio processo), nós, professores, não podemos garantir a aprendizagem do aluno, mas, sim, devemos, pois esta é a nossa função social, criar as condições para facilitar a ocorrência da aprendizagem significativa em nossos alunos.*

No que diz respeito à aprendizagem das ciências da natureza, os PCN do ensino médio afirmam que

> *a aprendizagem das Ciências da Natureza, qualitativamente distinta daquela realizada no Ensino Fundamental, deve contemplar formas de apropriação e construção de sistemas de pensamento mais abstratos e ressignificados, que as trate como*

> *processo cumulativo de saber e de ruptura de consensos e pressupostos metodológicos.* (Brasil, 2000, p. 20)

Assim, o professor precisa romper com as metodologias tradicionais e trabalhar de forma contextualizada, interdisciplinar e problematizada. Nesse sentido, muitos métodos e estratégias de ensino podem ser desenvolvidos para ensinar ciências naturais.

Perceba que, no contexto atual, o ensino de Ciências e de Biologia precisa abordar as questões históricas e sociais, uma vez que, para entender a ciência de hoje, é necessário conhecer a sua construção histórica e trabalhar as questões sociais relacionadas aos conteúdos curriculares, a fim de levar o aluno a saber ler o mundo em que vive e a se posicionar criticamente diante das situações enfrentadas no seu dia a dia.

Nesse viés, é necessário que o professor estimule a **busca do conhecimento** por meio de indicações de *sites* didáticos, filmes e livros, bem como de visitas orientadas em museus, parques e espaços da escola.

Os PCN de ciências naturais para o ensino fundamental relatam que

> *a utilização de livros de literatura infantil, que tenham alguma relação com a Ciência, pode ser uma das formas de desenvolver a alfabetização e a alfabetização científica.* "Incentivar a leitura de livros

> *infanto-juvenis sobre assuntos relacionados às ciências naturais, mesmo que não sejam sobre os temas tratados diretamente em sala de aula, é uma prática que amplia os repertórios de conhecimentos da criança, tendo reflexos em sua aprendizagem".*
> (Brasil, 1997a, p. 81, grifo do original)

Segundo Andrade e Martins (2010, p. 2), a leitura e o ensino de ciências estão intrinsecamente ligados; e, no contexto de ensino-aprendizagem, os professores atuam como formadores e mediadores de leitura no espaço escolar.

> Como você deve saber, a leitura de textos científicos para crianças e de textos literários relacionados à área das ciências naturais pode contribuir para a aquisição de conhecimentos e também proporcionar o desenvolvimento de competências e habilidades para a leitura e a escrita, isso é fato.

Para tanto, é pertinente que o professor selecione adequadamente textos e livros, de acordo com as temáticas propostas no currículo de ciências do ensino fundamental, visando atender os PCN de ciências naturais.

O professor pode estimular a construção do conhecimento por meio do planejamento e do desenvolvimento de atividades. Nesse sentido, as **feiras de ciência** são eventos que permitem a exposição, a discussão e a socialização de trabalhos desenvolvidos no lócus da escola.

Sobre essa questão, Tozoni-Reis (2010, p. 8) afirma:

> *A Ciência é uma das mais importantes realizações da humanidade pelo poder que o conhecimento da realidade confere, pelo prazer intelectual que proporciona aos que a praticam e pelos resultados que trazem para o conjunto dos sujeitos sociais. Diferentemente daquilo que expressa o senso comum, a Ciência não resulta na verdade absoluta, embora se caracterize pela busca da aproximação mais completa da realidade. Isso significa que a Ciência tem um caráter processual, isto é, ela não é um produto, pronto e acabado, para a compreensão da realidade, mas um processo de investigação constante e contínuo, carregado de intencionalidades e escolhas, de dúvidas, incertezas e certezas temporárias que fazem avançar a compreensão das coisas e da vida. Nesse processo, a metodologia científica, se tomada como um caminho a ser percorrido, é um instrumento científico que também permite criticar a produção do conhecimento.*

O desenvolvimento de atividades também pode ser divulgado em **eventos científicos** e em **periódicos**. Para tanto, verifique que é necessário atender às normas da língua culta e também à normatização para redação e apresentação de trabalhos. É importante ainda que o conhecimento produzido dentro do espaço escolar ultrapasse os muros da escola, visando à articulação entre a escola e a sociedade.

A construção do conhecimento pode se dar também no espaço do **laboratório de ciências** ou em **espaços relacionados à natureza**, onde o aluno possa contemplar, investigar e estudar a biodiversidade. No laboratório, é necessário que o professor trabalhe os experimentos por meio da problematização e da contextualização, levantando os conhecimentos prévios dos alunos, ensinando-os a elaborar hipóteses e discutindo os resultados encontrados.

O trabalho conjunto com a natureza deve ser explorado com atividades bem planejadas, pois, segundo Gioppo e Barra (2005, p. 46), o laboratório do ensino fundamental se inicia com a atitude mais básica do homem: a contemplação e a observação da natureza.

> *As atividades de observação/contemplação, de experimentação e de construção não devem, portanto, ser concebidas a partir de um rol de atividades rígidas, mas como um espaço de criação em que o professor, conhecedor dos temas potenciais a serem abordados, deve fomentar ações que aflorem nas crianças e adolescentes "a ciência do senso comum", que embasa suas concepções de mundo.* (Gioppo; Barra, 2005, p. 47)

Nesse contexto, as atividades desenvolvidas nos espaços não formais de ensino-aprendizagem podem ser muito ricas para a formação científica, cultural e social do aluno.

> A natureza é um espaço não formal de ensino e aprendizagem que permite a interação homem-natureza e possibilita a articulação entre a teoria e a prática, auxiliando na superação das aulas de *show* de Química ou de Ciências, onde os experimentos são realizados sem a articulação entre a teoria e a prática. O uso de diversas metodologias e estratégias de ensino e aprendizagem possibilita o ensino de Ciências e de Biologia de forma criativa e ativa.

Assim, é necessário que o professor seja capacitado para trabalhar as novas propostas do ensino de ciências e de biologia na educação fundamental.

Nesse sentido, a Secretaria de Estado da Educação do Paraná (Seed/PR) estabelece:

> *A ação de problematizar é mais do que a mera motivação para se iniciar um novo conteúdo. Essa ação possibilita a aproximação entre o conhecimento alternativo dos estudantes e o conhecimento científico escolar que se pretende ensinar.*
>
> *A abordagem problematizadora pode ser efetuada, evidenciando-se duas dimensões: na primeira, o professor leva em conta o conhecimento de situações significativas apresentadas pelos estudantes, problematizando-as; na segunda, o professor problematiza de forma que o estudante sinta*

> *a necessidade do conhecimento científico escolar para resolver os problemas apresentados.* (Paraná, 2008, p. 74, grifo nosso)

A **contextualização** pode motivar o aluno a apreender o conhecimento, tornando as aulas mais interessantes. A contextualização dos conteúdos de ciências com base na história permite que o aluno compreenda a evolução da construção do conhecimento. Para contextualizar, o professor deve abordar também aspectos econômicos, sociais, tecnológicos, políticos, ambientais e geográficos, visando levar o aluno a compreender a relação entre as diversas ciências.

A contextualização, de acordo com Santos (2007, p. 5), pode ser vista com os seguintes objetivos:

> › *desenvolver atitudes e valores em uma perspectiva humanística diante das questões sociais relativas à ciência e à tecnologia;*
> › *auxiliar na aprendizagem de conceitos científicos de aspectos relativos à natureza da ciência;*
> › *encorajar os alunos a relacionarem suas experiências escolares em ciências aos problemas do cotidiano.*

O professor como mediador do processo de ensino–aprendizagem deve trabalhar os conteúdos de forma significativa para os alunos, ou seja, deve levá-los ao desenvolvimento do espírito crítico e da cidadania. Aproximar os conteúdos da realidade dos alunos de forma reflexiva, crítica, participativa e dialógica promove a inserção do educando no contexto social.

Para Santos (2007), inserir a abordagem dos temas **ciência, tecnologia e sociedade** (CTS) no ensino de ciências como uma perspectiva crítica significa ampliar o olhar sobre o papel da ciência e da tecnologia na sociedade e discutir em sala de aula questões econômicas, políticas, sociais, culturais, éticas e ambientais.

Para tanto, o professor deverá, também, conhecer os aspectos históricos relacionados com a temática em questão, além de selecionar textos e materiais sobre o assunto que possam ser discutidos em sala de aula.

De acordo com Santos e Schnetzler (2003, p. 56), o objetivo central do ensino de CTS é a formação de cidadãos críticos, que possam tomar decisões relevantes na sociedade, relativas a aspectos científicos e tecnológicos. A educação científica deverá, assim, contribuir para preparar o cidadão a tomar decisões, com consciência do seu papel na sociedade, como indivíduo capaz de provocar mudanças sociais na busca de uma melhor qualidade de vida para todos.

Note que, nesse contexto, é pertinente que o ensino das áreas das ciências naturais aborde a educação científica articulada às questões pertinentes à formação da cidadania.

No que se refere ao aspecto da **interdisciplinaridade**, as disciplinas de Ciências e Biologia devem ser desenvolvidas por meio da relação entre os conteúdos, o que possibilita ao educando uma visão mais ampla do conhecimento.

No que diz respeito ao item **pesquisa**, podemos dizer que essa etapa, no ensino de Ciências, precisa ser orientada para que o educando saiba buscar fontes confiáveis de pesquisa e adequadas ao seu nível de aprendizagem. Ao realizar uma pesquisa, o aluno precisa fazer a leitura e a interpretação do tema que está pesquisando, visando desenvolver o senso crítico. É pertinente que a pesquisa também seja apresentada aos demais colegas, objetivando socializar o conhecimento.

De acordo com a Seed (Paraná, 2008, p. 75),

> *a leitura científica como recurso pedagógico permite aproximação entre os estudantes e o professor, pois propicia um maior aprofundamento de conceitos. Cabe ao professor analisar o material a ser trabalhado, levando-se em conta o grau de dificuldade da abordagem do conteúdo, o rigor conceitual e a linguagem utilizada.*

Nesse sentido, os livros paradidáticos e textos de revistas científicas adequados à idade escolar podem ser recursos didático-pedagógicos importantes para trabalhar os conteúdos de ciências.

A **observação** é uma habilidade que precisa ser desenvolvida na área da ciência, pois ela aproxima o educando da teoria trabalhada em sala de aula. A compreensão dos fenômenos naturais, químicos, físicos e biológicos passa pela observação.

O professor precisa trabalhar as disciplinas de Ciências e de Biologia com estratégias de ensino e aprendizagem que proporcionem a observação, a construção de hipóteses, a coleta de dados e a discussão dos resultados diante das hipóteses levantadas.

O **laboratório de ciências** é o espaço ideal para o desenvolvimento de aulas experimentais, uma vez que permite maior segurança na manipulação de reagentes e vidrarias. Caso não exista esse espaço na escola, o professor poderá selecionar algumas atividades que possam ser desenvolvidas com segurança na sala de aula.

Nessas aulas experimentais, o professor poderá trabalhar, além do conhecimento científico, os aspectos históricos, sociais e ambientais, dependendo do seu planejamento. Alguns recursos instrucionais também podem fazer parte desse tipo de aula, como a construção e a interpretação de gráficos e tabelas, entre outros.

De acordo com a Seed (Paraná, 2008, p. 76), "os recursos instrucionais (mapas conceituais, organogramas, mapas de relações, diagramas V, gráficos, tabelas, infográficos, entre outros) podem e devem ser usados na análise do conteúdo científico escolar, no trabalho pedagógico/tecnológico e na avaliação da aprendizagem".

### Atenção !!!

Nesse contexto, entenda que cabe ao professor selecionar e estabelecer os recursos instrucionais que farão parte da sua prática pedagógica.

Outra estratégia de ensino e aprendizagem interessante é o **jogo**, o qual, de acordo com Haydt (2006, p. 175), "é uma atividade motivacional que permite ao educando participar ativamente do processo de ensino-aprendizagem, assimilando experiências e informações e, sobretudo, incorporando atitudes e valores".

O professor deverá selecionar adequadamente os jogos de acordo com os objetivos propostos no plano de ensino e de acordo com o ciclo de aprendizagem do educando.

Segundo a Seed (Paraná, 2008, p. 77), "o lúdico é uma forma de interação do estudante com o mundo, podendo utilizar-se de instrumentos que promovam a imaginação, a exploração, a curiosidade e o interesse, tais como jogos, brinquedos, modelos, exemplificações realizadas habitualmente pelo professor entre outros".

O jogo possibilita a interação social, o desenvolvimento da iniciativa, de respeito entre os colegas, de cooperação, de solidariedade e de atendimento às regras nele contidas.

> **Pare e pense**
> Mas como trabalhar o jogo de forma que esse recurso possibilite a aprendizagem?

Para o desenvolvimento do jogo como instrumento pedagógico de forma mais adequada e proveitosa à aprendizagem dos alunos, algumas sugestões foram elaboradas por Haydt (2006, p. 178):

"
> Defina, de forma clara e precisa, os objetivos a serem atingidos com a aprendizagem.

> Os jogos podem ser usados para adquirir determinados conhecimentos (conceitos, princípios e informações), para praticar certas habilidades cognitivas e para aplicar algumas operações mentais ao conteúdo fixado.

> Determine os conteúdos que serão abordados ou fixados através da aprendizagem pelo jogo.

> Elabore um jogo ou escolha, dentre a relação de jogos existentes, o mais adequado para a consecução dos objetivos estabelecidos. O mesmo jogo pode ser utilizado para alcançar objetivos diversos e para abordar ou fixar os mais variados conteúdos.

> Formule as regras de forma clara e precisa para que elas não deem margem a dúvidas no caso da criação ou invenção de novos jogos.

> Especifique os recursos ou materiais que serão usados durante a realização do jogo, preparando-os com antecedência ou verificando se estão completos e em perfeito estado para serem utilizados.

> Explique aos alunos, oralmente ou por escrito, as regras do jogo, transmitindo instruções claras e objetivas, de modo que todos entendam o que é para ser feito ou como proceder.

> Permita que os participantes, após a execução do jogo, relatem o que fizeram, perceberam, descobriram ou aprenderam.

O jogo deve ser visto como uma estratégia de ensino e de aprendizagem e, portanto, deve ser bem planejado, visando atender os objetivos educacionais.

Para Oliveira e Barra (2002, p. 61), "Os jogos educativos devem favorecer o desenvolvimento de habilidades e atitudes relativas aos processos de perceber, comunicar, conhecer, estruturar, tomar decisões, criar e avaliar.

Nesse sentido, o professor poderá desenvolver os seus próprios jogos, levando em consideração o perfil dos educandos, os objetivos educacionais e o ciclo de aprendizagem.

## SÍNTESE

Neste capítulo, apresentamos, inicialmente, os conceitos de **método** e de **metodologia**, demonstrando que não há um método que seja considerado ideal para transmitir uma dada informação, mas sim um conjunto de métodos combinados entre si, os quais levam ao resultado esperado.

Você pôde averiguar que a metodologia de ensino é o centro da prática pedagógica, visando contribuir com a aprendizagem do aluno de modo a promover a inter-relação entre o conteúdo ensinado, o método aplicado, a técnica e a avaliação desenvolvida durante o período letivo.

Pôde também verificar a conceituação de **método científico**, sua função, seu fundamento e as etapas mais importantes a serem seguidas nesse método, indicando que todas elas nem sempre são seguidas e não se constituem em regra geral para fazer uma investigação científica.

Destacamos ainda que os métodos de ensino são os meios utilizados pelo professor para ministrar os conteúdos, mostrando a você que, por meio deles, o professor terá subsídios para identificar os problemas de aprendizagem do aluno, bem como perceber e avaliar os erros e acertos durante o processo de ensino e aprendizagem.

Encerramos o capítulo descrevendo as implicações pedagógicas que envolvem o método de investigação científica e a produção do conhecimento.

## INDICAÇÕES CULTURAIS

### FILME

O ENIGMA de Andrômeda. Direção: Robert Wise. Produção: Ridley e Tony Scott. EUA: Universal Pictures do Brasil, 1971. 131 min.

Filme de ficção científica que mostra um grupo de cientistas que se juntam para pesquisar e tentar descobrir como evitar a contaminação do planeta por um vírus mortal. Procure identificar nesse filme cenas que mostrem a importância do método, da reflexão e da experimentação na pesquisa científica.

## ATIVIDADES DE AUTOAVALIAÇÃO

[1] A respeito do método, assinale (V) para as afirmativas verdadeiras e (F) para as falsas:
  [ ] Conjunto de atividades sistemáticas e racionais que, com maior segurança e economia, permite alcançar

um objetivo, traçando o caminho a ser seguido, detectando erros e auxiliando as decisões do cientista.

[ ] O método significa um conjunto de etapas e processos a serem vencidos ordenadamente na investigação dos fatos ou na procura da verdade.

[ ] O método é um instrumento de trabalho utilizado para se alcançar um meta preestabelecida.

[ ] O método é utilizado para alcançar um objetivo.

A sequência correta é:

[A] V, F, F, V.
[B] F, V, F, V.
[C] F, F, V, F.
[D] V, V, V, V.

[2] Assinale a resposta correta sobre as características do método indutivo:

[A] Parte de casos particulares para o geral.
[B] Parte de casos gerais para o particular.
[C] Parte de alguma grande idcia que, por meio de experiências, poderia ou não ser confirmada.
[D] Testa uma hipótese particular.

[3] As aulas de ciências podem ser realizadas:

[A] na natureza.
[B] somente no laboratório.
[C] no laboratório e em sala de aula.
[D] nos espaços formais e não formais de ensino e aprendizagem.

[4] Para levar o aluno à aprendizagem significativa, a experimentação no ensino de ciências precisa ser trabalhada:
[A] sem levar em consideração os conhecimentos prévios dos alunos.
[B] de forma contextualizada, interdisciplinar e problematizada.
[C] sem articular teoria e prática.
[D] por meio de aulas demonstrativas.

[5] A respeito dos conceitos de metodologia de ensino, são formuladas as seguintes proposições:
[I] A metodologia de ensino é um conjunto de procedimentos didáticos, representados pelos seus métodos e técnicas, que visam levar a bom termo a ação didática: alcançar os objetivos do ensino e, consequentemente, da educação, com mínimo esforço e máximo rendimento.
[II] A metodologia de ensino se configura o centro da prática pedagógica, sendo que o conjunto de métodos e regras aplicado é desenvolvido como um roteiro geral, de modo a contribuir com a prática docente, visando promover a aprendizagem do aluno e a obtenção dos objetivos estabelecidos durante o processo de ensino-aprendizagem.
[III] A metodologia de ensino deverá promover a inter-relação entre o conteúdo ensinado, o método aplicado, a técnica e a avaliação desenvolvida durante o período letivo.

[IV] A metodologia de ensino se refere às situações do processo de avaliação.

Estão corretas:
[A] somente a alternativa I.
[B] as alternativas II e IV.
[C] as alternativas I, II e III.
[D] as alternativas III e IV.

## ATIVIDADES DE APRENDIZAGEM

### QUESTÕES PARA REFLEXÃO

[1] Quais as principais dificuldades encontradas pelos professores para a obtenção de outras fontes de conhecimento, além do uso dos livros didáticos adotados em sala de aula?

[2] Como tornar as aulas de ciências mais interativas?

### ATIVIDADES APLICADAS: PRÁTICA

[1] Visita ao museu de ciências naturais
 [A] Elabore um roteiro para uma visita orientada a um museu de ciências naturais.
 [B] Solicite que os alunos escrevam os nomes dos animais observados no museu.
 [C] Solicite que façam uma pesquisa sobre os nomes científicos dos animais.
 [D] Solicite que eles pesquisem sobre os hábitos dos animais.
 [E] Apresente a eles uma lista dos animais em extinção.

[F] Peça que eles pesquisem se os animais observados no museu estão na lista dos animais em extinção.

[G] Peça que eles escrevam por que esses animais estão em extinção.

[H] Com base no material escrito por eles, discuta os fatores que levam à extinção dos animais na natureza e sua importância para o ecossistema.

[I] Avalie os alunos em cada etapa da atividade.

[2] Aula expositiva dialogada sobre a qualidade da água

[A] Inicie a aula levantando os conhecimentos prévios dos alunos sobre a qualidade da água.

[B] Problematize o tema da aula: Podemos consumir água sem conhecer a sua qualidade?

[C] Trabalhe a fórmula da água, sua composição, suas características físico-químicas e o processo de tratamento de água.

[D] Trabalhe as principais bacias hidrográficas que abastecem a sua cidade.

[E] Sensibilize os alunos sobre a importância do uso racional da água.

[F] Solicite que eles observem, na conta de água do mês anterior, quantos metros cúbicos foram gastos pela sua família.

[G] Trabalhe com eles a conversão de metros cúbicos para litros.

[H] Solicite que eles escrevam como podem economizar água.

[I] Realize uma visita a uma estação de tratamento de água (ETA).

[J] Solicite que eles pesquisem o nome do rio do qual a ETA capta a água para ser tratada.

[K] Solicite que eles observem a cor e a aparência da água que chega à ETA.

[L] Peça que eles observem a cor e a aparência da água após o tratamento.

[M] Solicite que eles pesquisem o valor do litro da água tratada.

[N] Peça que eles façam cartazes sobre o tema água e coloquem em murais para que os colegas de outras séries apreciem os trabalhos.

[O] Avalie os alunos em cada etapa da atividade.

[3] Alimentos que ingerimos

[1] Leve para a sala de aula frutas, verduras, ovos, leite, feijão, arroz, biscoitos, doces, cereais e pães.

[2] Trabalhe os alimentos reguladores, os energéticos e os construtores.

[3] Construa a pirâmide alimentar no quadro de giz.

[4] Solicite que eles façam a pirâmide alimentar no caderno.

[5] Apresente uma tabela com as porções de alimentos recomendadas por dia.

[6] Sensibilize os alunos para consumirem os alimentos de acordo com a ingestão diária recomendada para a idade deles.

[7] Sensibilize os alunos sobre a importância de fazer exercícios.

[8] Solicite que eles anotem os tipos e a quantidade de alimentos que consomem no lanche da escola.

[9] Discuta com a classe, com base na tabela de porções de alimentos e na pirâmide alimentar, a alimentação dos alunos.

[10] Avalie os alunos em cada etapa da atividade.

quatro...

# Planejamento e organização de atividades: textos, livros didáticos, atividades de campo e recursos tecnológicos

A prática pedagógica depende de uma seleção de atividades que o professor precisa planejar na sua prática docente para que possa facilitar e dinamizar o processo de ensino-aprendizagem e obter o resultado desejado para esse propósito.

Além disso, o uso de variados recursos didáticos na prática pedagógica do professor é um modo de diversificar suas aulas, tornando-as mais interessantes na visão do aluno, além de possibilitar que esse aluno perceba a relação entre teoria e prática na construção do conhecimento.

Neste capítulo, você poderá verificar a maneira como a organização de atividades por meio de um planejamento adequado pode tornar a aprendizagem mais significativa e interessante.

Para completar os estudos referentes à metodologia do ensino de ciências naturais e biológicas, analisaremos os processos avaliativos como instrumento auxiliar da prática docente, com o propósito de direcionar o ensino do professor e promover a aprendizagem do aluno.

Embora as tradicionais provas sejam ainda muito utilizadas como instrumento avaliador, você vai ser apresentado(a) a formas variadas de avaliação.

Iremos, ainda, verificar que a avaliação deve ser contínua para que possa cumprir sua função de auxiliar o processo de ensino-aprendizagem e que os instrumentos avaliativos devem ser variados para que se possa diagnosticar a aprendizagem e o desempenho do aluno no decorrer do processo.

## 4.1 PLANEJAMENTO DE ENSINO

Sabemos que, ao planejarmos uma atividade, qualquer que seja ela, buscamos obter o melhor resultado, pois sabemos que é por meio de um planejamento bem elaborado que todas as decisões que envolvem a realização dessa atividade são tomadas.

Em se tratando de um **planejamento de ensino**, podemos dizer que este é um procedimento didático necessário para nortear as ações do processo pedagógico de forma a atender os objetivos que se pretende atingir, pois, segundo Turra et al. (1975), **é por meio do planejamento de ensino que são previstos os resultados desejáveis na prática docente e também os meios necessários para alcançar os objetivos propostos.**

> **Pare e pense**
> E o que é planejamento de ensino e qual sua função no processo pedagógico?

Segundo Nérici (1981, p. 122), "o planejamento de ensino representa um trabalho de reflexão sobre como orientar o ensino para que o educando efetivamente alcance os objetivos da educação, da escola, do curso e das áreas de estudo ou disciplinas".

Nesse caso, veja que o planejamento de ensino, como uma ferramenta auxiliadora do processo de ensino-aprendizagem, é um procedimento que exige reflexão, organização, coordenação, sistematização e previsão sobre como orientar o ensino para efetivamente garantir a eficiência e a eficácia de uma ação pedagógica.

No entanto, de acordo com Luckesi (1992, p. 105), "não basta relacionar qualquer coisa num planejamento [...]. Há necessidade de estudar que procedimentos e que atividades possibilitarão, da melhor forma, que nossos alunos atinjam o objetivo de aprender o melhor possível daquilo que estamos pretendendo ensinar".

Desse modo, compreendemos que o planejamento de ensino possibilita que os objetivos sejam atingidos e que as etapas a serem seguidas para esse procedimento implicam situações diversificadas, tendo em vista que o planejamento como algo imutável e definitivo é uma prática inconcebível na área da educação.

## Atenção !!!

Perceba que o professor deve fazer uma reflexão constante de sua prática docente, já que a eficácia e a eficiência de um planejamento de ensino dependem da coerência e da flexibilidade das ações que estão sendo planejadas por parte desse profissional.

Para tanto, um planejamento de ensino visa alcançar alguns objetivos que se configuram fundamentais para o desenvolvimento do processo pedagógico. Entre estes estão:

> *precisar as metas que se precisa alcançar;*
> *conduzir o educando mais seguramente para os objetivos almejados;*
> *prever experiências de aprendizagem a partir das experiências anteriores do educando;*
> *facilitar a distribuição do conteúdo a ser estudado pelo tempo disponível;*
> *possibilitar o acompanhamento mais eficiente dos estudos do educando;*
> *promover reajustes no planejamento sempre que estes se fizerem necessários.* (Nérici, 1981, p. 123-124)

Nesse caso, sabendo-se que os processos de ensinar e aprender se complementam, é necessário que o professor, ao planejar suas aulas, faça de antemão uma previsão do que será realizado, de modo que venha a promover a aprendizagem, uma vez que é o planejamento de ensino que irá determinar os caminhos que nortearão o seu trabalho em sala de aula.

De acordo com Klosouski e Reali (2008), a maneira de se planejar não deve ser mecânica e repetitiva; pelo contrário, no planejamento devem ser considerados, combinados entre si, os seguintes aspectos:

> › *considerar os alunos não como uma turma homogênea, mas a forma singular de apreender de cada um, seu processo, suas hipóteses, suas perguntas a partir do que já aprenderam e a partir das suas histórias;*
> › *considerar o que é importante e significativo para aquela turma. Ter claro onde se quer chegar, que recorte deve ser feito na História para escolher temáticas e que atividades deverão ser implementadas, considerando os interesses do grupo como um todo.* (Klosouski; Reali, 2008, p. 5)

Compreenda que, além dos aspectos já mencionados, o professor, ao elaborar o planejamento de ensino, deverá verificar quais métodos e técnicas poderão ser desenvolvidos com o intuito de atender as necessidades que possam surgir no decorrer desse processo.

Cabe, então, ao professor, utilizar o planejamento de ensino como uma ferramenta pedagógica de grande eficiência no processo de aprendizagem do aluno, pois, ainda de acordo com Klosouski e Reali (2008, p. 7),

> *é através do planejamento que são definidos e articulados os conteúdos, objetivos e metodologias são propostas e maneiras eficazes de avaliar são definidas. O planejamento de ensino, portanto, é de suma importância para uma prática eficaz e*

> *consequentemente para a concretização dessa prática, que acontece com a aprendizagem do aluno.*

A partir dessa pressuposição, você pode compreender que a prática pedagógica de prever os objetivos da disciplina lecionada, definir os conteúdos programáticos, determinar as metodologias de ensino e os processos de avaliação de aprendizagem é desenvolvida por meio de um planejamento de ensino adequado.

Para tanto, é necessário que o professor conheça os objetivos do ensino de ciências naturais para o ensino fundamental, propostos pelos Parâmetros Curriculares Nacionais (PCN) para o ensino de ciências:

> - compreender a natureza como um todo dinâmico e o ser humano, em sociedade, como agente de transformações do mundo em que vive, em relação essencial com os demais seres vivos e outros componentes do ambiente;
> - compreender a Ciência como um processo de produção de conhecimento e uma atividade humana, histórica, associada a aspectos de ordem social, econômica, política e cultural;
> - identificar relações entre conhecimento científico, produção de tecnologia e condições de vida, no mundo de hoje e em sua evolução histórica, e compreender a tecnologia como meio para suprir necessidades

> humanas, sabendo elaborar juízo sobre riscos e benefícios das práticas científico-tecnológicas;
> - compreender a saúde pessoal, social e ambiental como bens individuais e coletivos que devem ser promovidos pela ação de diferentes agentes;
> - formular questões, diagnosticar e propor solu-ções para problemas reais a partir de elementos das Ciências Naturais, colocando em prática conceitos, procedimentos e atitudes desenvolvi-dos no aprendizado escolar;
> - saber utilizar conceitos científicos básicos, associados a energia, matéria, transformação, espaço, tempo, sistema, equilíbrio e vida;
> - saber combinar leituras, observações, experimentações e registros para coleta, comparação entre explicações, organização, comunicação e discussão de fatos e informações;
> - valorizar o trabalho em grupo, sendo capaz de ação crítica e cooperativa para a construção coletiva do conhecimento.

Fonte: Brasil, 1998, p. 33

Esses objetivos permitem que o educando desenvolva competências para ler o mundo em que vive, devendo estas estar articuladas aos conteúdos propostos para o ensino.

Nesse sentido, Haydt (2006, p. 127) assegura: "é por meio dos conteúdos que transmitimos e assimilamos conhecimentos, e é também por meio deles que praticamos as operações cognitivas, desenvolvemos hábitos e habilidades e trabalhamos atitudes".

Ainda de acordo com os PCN para o ensino de Ciências, os critérios para a seleção dos conteúdos são:

> os conteúdos devem se constituir em fatos, conceitos, procedimentos, atitudes e valores a serem promovidos de forma compatível com as possibilidades e necessidades de aprendizagem do estudante, de maneira que ele possa operar com tais conteúdos e avançar efetivamente nos seus conhecimentos.
> Os conteúdos devem favorecer a construção, pelos estudantes, de uma visão de mundo como um todo formado por elementos inter-relacionados, entre os quais o ser humano, agente de transformação. Devem promover as relações entre diferentes fenômenos naturais e objetos da tecnologia, entre si e reciprocamente, possibilitando a percepção de um mundo em transformação e sua explicação científica permanentemente reelaborada;
> os conteúdos devem ser relevantes do ponto de vista social, cultural e científico, permitindo ao estudante compreender, em seu cotidiano, as relações entre o ser humano e a natureza mediadas pela tecnologia, superando interpretações ingênuas sobre a realidade à sua volta. Os temas transversais apontam conteúdos particularmente apropriados para isso.

Fonte: Brasil, 1997a, p. 33-34.

Esses critérios auxiliam o professor na organização dos conteúdos curriculares a serem estudados. Para atender os critérios de seleção dos conteúdos e trabalhar com eles, é necessário que o professor repense a sua prática pedagógica.

De acordo com Farias et al. (2009, p. 118), "é necessário ir além da ação metodológica restrita à exposição verbal e a fixação de exercícios. O professor precisa diversificar os métodos de ensino e as estratégias de ensino e aprendizagem, visando levar o aluno à aprendizagem significativa".

Na opinião dessas mesmas autoras, "a avaliação é outra etapa fundamental do processo de ensino-aprendizagem. Seus critérios devem contemplar não só a habilidade de reter conhecimento, mas de processá-lo, construí-lo, utilizá-lo em situações reais da vida" (Farias et al., 2009, p. 120-121).

## 4.2 A ORGANIZAÇÃO DE ATIVIDADES E OS RECURSOS DIDÁTICOS

De acordo com Haydt (2006, p. 145), ao escolher um procedimento de ensino, o professor deve considerar como critérios de seleção os seguintes aspectos básicos: a adequação aos objetivos estabelecidos para o ensino e a aprendizagem, a natureza do conteúdo a ser ensinado e o tipo de aprendizagem a se efetivar.

Para o professor, além do ato de planejar adequadamente suas aulas, outro fator preponderante, que irá auxiliá-lo no processo de ensino-aprendizagem, é a busca de recursos didáticos variados para fundamentar teoricamente o que vai ser ensinado.

Isso porque a utilização de diferentes recursos didáticos na área de ciências naturais contribui para que o aluno possa compreender os conteúdos científicos que serão ministrados de um modo mais claro e agradável.

Os recursos das **tecnologias de informação e comunicação** (TICs) permitem a diversificação das atividades que o professor possa estar planejando para trabalhar os conteúdos curriculares. Podemos citar, entre outros: vídeos, *sites*, internet, *datashow*, transparências coloridas, hipertextos, bibliotecas virtuais, vídeos.

Na visão de Brito (2006, p. 133),

> *a introdução de novas tecnologias na educação (principalmente da informática) deve-se à busca de soluções para promover melhorias no processo de ensino-aprendizagem, pois os recursos computacionais, adequadamente empregados, podem ampliar o conceito de aula, além de criar novas pontes cognitivas.*

Essa prática de ensino, com a utilização de tecnologias diferenciadas, é um modo de repensar as práticas pedagógicas, as quais têm o objetivo de diversificar as aulas e, assim, torná-las mais interessantes na visão dos alunos.

Para Delizoicov, Angotti e Pernambuco (2007, p. 36), "ainda é bastante consensual que o livro didático, na maioria das salas de aula, continua prevalecendo como principal instrumento de trabalho do professor, embasando significativamente a prática docente".

Para muitos educadores, o **livro didático** é fonte de pesquisa para si e para os alunos, além de subsidiar o desenvolvimento de exercícios e atividades escolares e extraescolares.

Muitos livros trazem orientações metodológicas para trabalhar os conteúdos escolares, diversificando estratégias de ensino e empregando cada vez mais recursos visuais associados ao discurso verbal.

> **Pare e pense**
> Mas o que pode ser feito para que o livro didático se torne um recurso eficiente no processo de ensino-aprendizagem?

Para que isso possa acontecer, o livro didático precisa ser adequado ao ciclo de aprendizagem, além de ser escrito de forma dialógica, permitindo a interação do aluno com o objeto de estudo.

**É necessário também que o professor saiba selecionar o livro didático.** Para tanto, ele precisa conhecer o Programa Nacional do Livro Didático (PNLD), o qual estabelece os critérios para a análise dos livros didáticos. Esse conhecimento é relevante para que o professor possa selecionar esse recurso com qualidade didático-metodológica. A seleção adequada do livro didático pode contribuir para o desenvolvimento de aulas contextualizadas, problematizadas e interdisciplinares.

A **televisão** é outro recurso pedagógico encontrado na maioria das escolas, o qual pode ser um aliado no trabalho pedagógico do professor para estabelecer uma articulação entre o objeto de estudo e a aprendizagem dos educandos. Para tanto, é necessário que o professor selecione adequadamente os vídeos educacionais que pretende trabalhar com os educandos e planeje a atividade para ser desenvolvida.

O **vídeo** também é um recurso muito utilizado por professores no desenvolvimento das aulas. A televisão e o vídeo partem do concreto, do visível, do imediato, do próximo – daquilo que toca todos os sentidos (Moran; Masetto; Behrens, 2009, p. 39).

De acordo com Moran, Masetto e Behrens (2009, p. 39-41), "o vídeo pode ser utilizado como um recurso de sensibilização, ilustração, simulação, conteúdo de ensino, produção, processo de avaliação dos alunos, do professor, do processo e televisão/'vídeoespelho'*".

---

* Vídeoespelho: gravação de atividades dos alunos para posterior análise.

FIGURA 4.1 – CLASSIFICAÇÃO BRASILEIRA DOS RECURSOS AUDIOVISUAIS

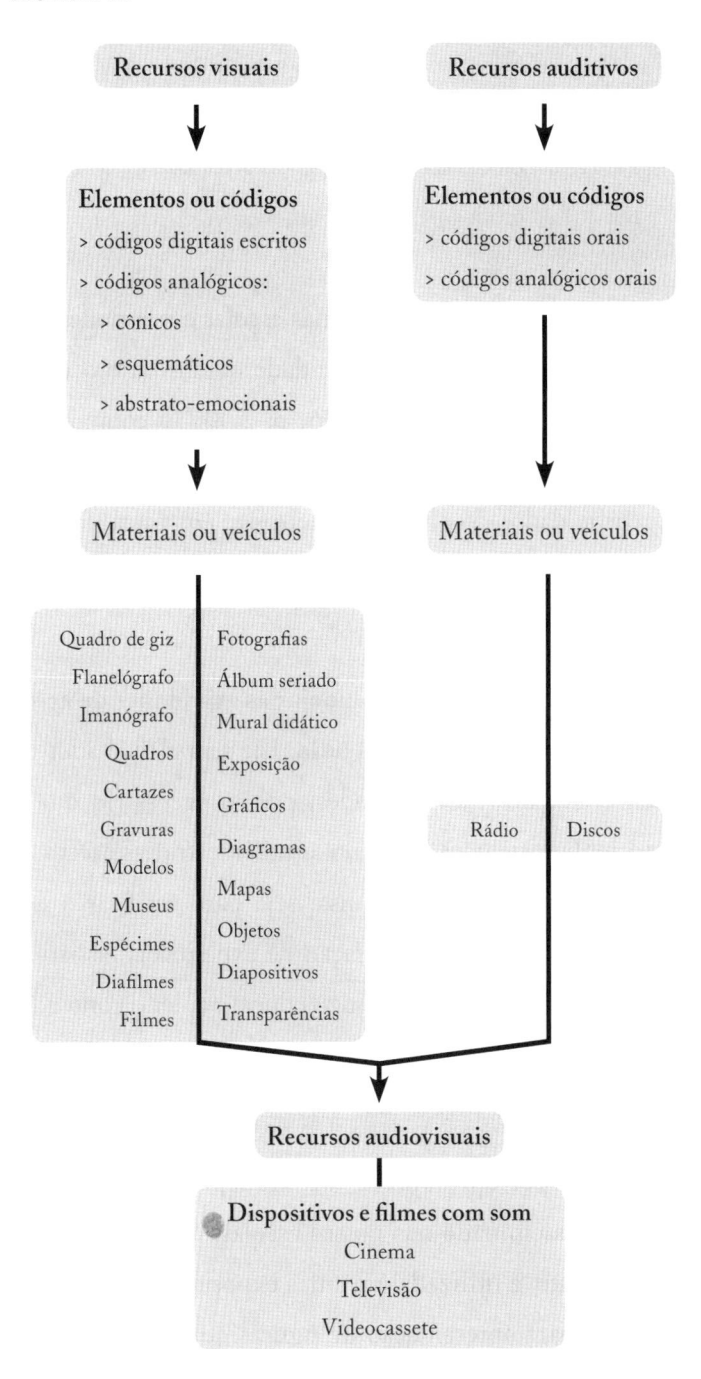

**Recursos visuais**

**Elementos ou códigos**
> códigos digitais escritos
> códigos analógicos:
  > cônicos
  > esquemáticos
  > abstrato-emocionais

**Materiais ou veículos**

Quadro de giz
Flanelógrafo
Imanógrafo
Quadros
Cartazes
Gravuras
Modelos
Museus
Espécimes
Diafilmes
Filmes

Fotografias
Álbum seriado
Mural didático
Exposição
Gráficos
Diagramas
Mapas
Objetos
Diapositivos
Transparências

**Recursos auditivos**

**Elementos ou códigos**
> códigos digitais orais
> códigos analógicos orais

**Materiais ou veículos**

Rádio    Discos

**Recursos audiovisuais**

**Dispositivos e filmes com som**
Cinema
Televisão
Videocassete

Fonte: Haydt, 2006, p. 237.

> De acordo com Haydt (2006, p. 253), "todos os recursos técnicos devem ser aproveitados para ativar a classe. Interromper a projeção nos pontos necessários, voltar o filme, repetir algumas cenas e desligar o som são alguns recursos oferecidos pelos projetores de cinema que os professores podem aproveitar."

Outro recurso muito utilizado nas escolas e que pode contribuir para a melhoria da qualidade de ensino é o **computador**. Segundo Haydt (2006, p. 278), "o computador apresenta uma nova forma de comunicar o conhecimento: ele recebe dados do aluno, analisa-os e, em troca, fornece novos elementos como resposta, de acordo com a necessidade de seu interlocutor".

**Cabe, então, ao professor planejar as atividades de acordo com os objetivos de cada aula.** Ele será o mediador no desenvolvimento das atividades, pois é necessário que o aluno tenha orientação durante a utilização desse recurso, seja para realizar uma pesquisa, seja para verificar o desenvolvimento de uma simulação de experiência, assistir a um DVD, participar de um jogo educativo, ler o conteúdo, digitar dados, realizar a análise e a discussão de dados ou resolver situações-problema.

O uso do **retroprojetor** e de **transparências** já está bastante disseminado nas nossas escolas. A transparência, normalmente, é utilizada em aulas expositvas, seminários, debates e para apresentação de figuras de difícil execução e de fotografias. Quando temos de apresentar equações extensas e absolutamente indispensáveis à compreensão do que se está querendo dizer, torna-se uma estratégia interessante, além de ser utilizada para a apresentação de gráficos, esquemas e tabelas (Rosa, 2000, p. 44-45).

Segundo Libâneo (2008, p. 173), "equipamentos são meios de ensino gerais, necessários para todas as matérias, cuja relação com o ensino é indireta. São as carteiras, quadro de giz, projetores de *slides* ou filmes, toca-discos, gravador e toca-fitas, flanelógrafo etc".

De acordo com esse mesmo autor, cada disciplina exige materiais específicos,

> *como ilustrações e gravuras, filmes, mapas e globo terrestre, discos e fitas, livros, enciclopédias, dicionários, revistas, álbum seriado, cartazes, gráficos etc. Alguns autores classificam ainda, como meios de ensino, manuais e livros didáticos; rádio, cinema, televisão; recursos naturais (objetos e fenômenos da natureza); recursos da localidade (biblioteca, museu, indústria etc.); excursões escolares; modelos de objetos e situações (amostras, aquário, dramatizações etc.).* (Libâneo, 2008, p. 173)

Diante desses vários materiais didático-pedagógicos, cabe ao professor selecionar adequadamente os recursos para o desenvolvimento das aulas.

Nas disciplinas de Ciências, Biologia, Química e Física, o ideal é que os experimentos sejam realizados em laboratório, pois estas são ciências experimentais, as quais possibilitam articular a teoria e a prática. No caso de não haver o espaço do laboratório na escola, o professor poderá realizar alguns experimentos simples em sala de aula, os quais poderão ajudar nessa articulação.

Entenda, assim, que, para um bom trabalho com os meios de ensino, é necessário que o professor saiba como funciona cada equipamento e também faça um teste antes de utilizá--los em sala de aula ou no laboratório.

> Os experimentos devem ser selecionados de acordo com os conteúdos trabalhados em sala de aula. Nesse contexto, é papel do professor selecionar aqueles que não ofereçam riscos aos alunos.

Os professores das disciplinas de Ciências e de Biologia precisam conhecer a Lei Federal nº 11.794, de 8 de outubro de 2008 (Brasil, 2008), que estabelece procedimentos para o uso científico de animais e dá outras providências.

Na área das ciências naturais, **reagentes**, **equipamentos** e **vidrarias** são também recursos para o ensino. A observação das normas de segurança no laboratório deve ser trabalhada antes de cada aula experimental.

Ainda considerando a questão dos recursos de aprendizagem, Krasilchik (2008, p. 132) afirma que "visitas a mercados, fazendas, estações de tratamento de águas e fábricas podem ensinar aos alunos coisas que seriam muito difíceis de serem aprendidas por eles quando confinados no ambiente escolar".

Nesse sentido, os espaços não formais de ensino e aprendizagem podem contribuir para a formação do aluno.

> Vivenciar outros espaços pode ser uma ótima oportunidade para que os professores despertem o espírito científico dos alunos, com registros de dados, fotografias e coleta de materiais para estudo.

Os espaços do entorno da escola e da própria comunidade escolar também podem ser explorados em algumas atividades realizadas com planejamento prévio.

De acordo com Krasilchik (2008, p. 88): "A maioria dos professores de biologia considera de extrema valia os trabalhos de campo e as excursões, no entanto, são raros os que as realizam". Em todas as excursões ou estudos do meio, os alunos precisam ter atividades claras e bem definidas para que possam observar, coletar dados, analisá-los e discuti-los.

Para essa mesma autora, as visitas a museus, jardins zoológicos e botânicos fazem parte do repertório didático dos professores de Biologia. Para realizar essas visitas, é importante que o professor veja antes o espaço para que possa avaliar como irá desenvolver a atividade. Isso porque é importante orientar a visita e discutir com os alunos as observações realizadas (Krasilchik, 2008, p. 132).

As feiras de ciências, por sua vez, são espaços de divulgação e socialização do conhecimento científico desenvolvido na escola. De acordo com Henning (1986, p. 380), a feira de ciência é uma promoção educacional para que os alunos exponham trabalhos por eles realizados sobre temas científicos que, em algum aspecto, apresentem um aporte original, como resultado da participação deles nas atividades desenvolvidas em sala de aula.

Perceba que, nesse contexto, a feira de ciência pode despertar a criatividade e a responsabilidade, além de desenvolver habilidades de comunicação e socialização. A participação da comunidade nesse evento é de fundamental importância para que os trabalhos e projetos desenvolvidos no espaço escolar sejam conhecidos por todos.

As habilidades de comunicação e educação científica também podem ser despertadas por meio do uso dos computadores, recurso cada vez mais utilizado nas escolas. Sobre essa questão, Krasilchik (2008, p. 69) afirma:

> *Os computadores servem para inúmeras atividades que simulam investigações científicas, para formar ou consultar bancos de dados, para intercâmbio com outros alunos, professores, especialistas de outras escolas, outras instituições científicas, até de outros países, para estudar e produzir modelos, e hoje para apresentação de multimídia em* data-show.

Dessa forma, as atividades desenvolvidas nos computadores, quando bem planejadas e orientadas, podem também auxiliar na produção do conhecimento.

## 4.3 PROCESSOS AVALIATIVOS

Sabemos que a aprendizagem se caracteriza pela busca do conhecimento, tendo o aluno a capacidade de elaborar e construir o objeto desse conhecimento. No entanto, um modo de verificar se esse conhecimento está realmente sendo adquirido se dá por meio dos processos avaliativos.

> O **processo avaliativo** se configura instrumento necessário para a verificação da aprendizagem dos alunos, haja vista que por meio dele é possível constatar se os objetivos propostos para aquele momento foram ou não alcançados.

**Pare e pense**
Mas por que avaliar?

A avaliação, de modo geral, é realizada com o propósito de orientar o ensino por meio da concepção do conteúdo ministrado ou da metodologia aplicada, bem como de acompanhar a aprendizagem e as dificuldades dos educandos, permitindo, desse modo, que o professor avalie sua prática pedagógica.

De acordo com os PCN de ciências naturais para o ensino fundamental,

> *a avaliação contemplada é compreendida como: elemento integrador entre a aprendizagem e o*

> *ensino; conjunto de ações cujo objetivo é o ajuste e a orientação da intervenção pedagógica para que o aluno aprenda da melhor forma; conjunto de ações que busca obter informações sobre o que foi aprendido e como; elemento de reflexão contínua para o professor sobre sua prática educativa; instrumento que possibilita ao aluno tomar consciência de seus avanços, dificuldades e possibilidades; ação que ocorre durante todo o processo de ensino e aprendizagem e não apenas em momentos específicos caracterizados como fechamento de grandes etapas de trabalho.* (Brasil, 1997a, p. 53)

Assim, a avaliação auxilia o professor a tomar decisões sobre o trabalho que está realizando, pois, mediante um contínuo processo de aprimoramento profissional e de uma reflexão crítica sobre sua prática, ele terá condições de promover uma melhoria efetiva do processo de ensino-aprendizagem (Luckesi, 1996; Schnetzler; Aragão, 2006).

Nesse sentido, é importante você saber que, além da avaliação da aprendizagem, a avaliação das condições de ensino também precisa ser realizada, a fim de garantir a qualidade do processo. Nesses termos, note que a avaliação escolar se constitui um ato intrínseco ao processo de ensino-aprendizagem, pois, para Vasconcellos (2000), um dos objetivos da avaliação escolar é garantir a aprendizagem por parte de todos os alunos.

> Em outras palavras, podemos dizer que a avaliação tem a finalidade de direcionar o ensino do professor no sentido de promover a aprendizagem do aluno, bem como de acompanhar o processo de construção do conhecimento por parte desse aluno, garantindo que a forma de avaliação adotada seja coerente com a metodologia de ensino aplicada em sala de aula.

No entanto, a abordagem do tema **avaliação**, nos dias atuais, exige que se delimitem as funções desse instrumento pedagógico no processo de ensino-aprendizagem, já que, por meio do conhecimento dessas funções, será possível estabelecer os critérios de análise do aproveitamento por parte do aluno.

Assim, no que diz respeito à **avaliação escolar**, Turra et al. (1975, p. 178-179) atribuem a ela funções gerais e funções específicas. As funções gerais da avaliação são:

› fornecer as bases para o planejamento;
› possibilitar a seleção e a classificação de pessoal (professores, alunos, especialistas etc.);
› ajustar políticas e práticas curriculares.

Já como funções específicas da avaliação, esses mesmos autores consideram as seguintes:

› facilitar o diagnóstico;
› melhorar a aprendizagem e o ensino (controle);
› estabelecer situações individuais de aprendizagem;
› promover, agrupar alunos – classificação.

> Perceba que, por apresentar funções diferenciadas no que se refere ao alcance de objetivos, a avaliação se constitui no recurso pedagógico que mais requer mudanças didáticas, pois, dependendo dos resultados obtidos nesse processo, faz-se necessário que o professor modifique sua forma de avaliar para que, assim, seus objetivos sejam plenamente atingidos.

O ato de avaliar pode nortear a prática educativa a fim de obter respostas para muitas questões, entre elas, verificar se a aprendizagem está sendo alcançada e quais as dificuldades existentes ou, então, se há a necessidade de realizar alterações no planejamento de ensino, as quais possibilitarão diagnosticar a aprendizagem de cada aluno.

Nesse sentido, consideramos que a avaliação tem um caráter norteador da prática docente, pois ela se constitui em um procedimento no qual – por meio dos registros que o professor faz em sala de aula – é possível interpretar os resultados obtidos em todas as atividades realizadas pelo aluno, bem como os avanços e as dificuldades enfrentadas por ele no decorrer do ano letivo.

Para a superação das dificuldades inicialmente encontradas no processo, é necessário que o professor demonstre interesse pelo desempenho do aluno, pois, desse modo, saberá o quanto este aprendeu do conteúdo que foi ministrado, acabando por atingir os objetivos desejados.

Nesse contexto, Praia, Cachapuz e Gil-Pérez (2002, p. 255) entendem que o professor

> *deve procurar, sim, incentivar os alunos a conscientizarem suas dificuldades, a pensarem sobre o porquê delas, estando atento aos obstáculos que se colocam à aprendizagem, ou seja, deve ajudá-los e dar-lhes confiança para que possam se exprimir num clima de liberdade, sem perda do rigor intelectual.*

Vasconcellos (2000) corrobora esse pensamento quando fala da importância da relação professor-aluno no processo de ensino-aprendizagem. Para ele, essa mudança na atitude do professor faz com que o aluno o visualize de maneira diferenciada, passando a reconhecê-lo como a pessoa que está ali para ensiná-lo, além de ajudá-lo a superar suas dificuldades.

Perceba que o caráter diagnóstico da avaliação é constatado quando se torna possível identificar os aspectos referentes aos progressos e às dificuldades obtidos durante o processo de ensino-aprendizagem, tanto pelo professor quanto pelo aluno.

Para que isso aconteça, a avaliação deve ser contínua a fim de que possa cumprir sua função de auxiliar o processo de ensino-aprendizagem, pois, quando ocorre dessa forma, feita ao longo de todo o ano pelos professores, ela se dilui no fluxo do trabalho cotidiano em aula (Perrenoud, 1999; Vasconcellos, 2000).

Se praticada dessa forma, a avaliação se constituirá em um parâmetro de análise constante do trabalho do professor, em que será possível refletir sobre suas estratégias e metodologias em sala de aula, tendo a possibilidade de reformular esses procedimentos.

> No entanto, para que a avaliação auxilie o processo de ensino-aprendizagem na verificação de conhecimentos dos alunos, diferentes recursos devem ser mobilizados ao longo do processo para que ela cumpra essa função. Por meio de uma avaliação contínua, que se faz com a utilização de diversos instrumentos avaliativos, constatamos que diferentes aprendizagens poderão ser diagnosticadas e diferentes formas de observação do desempenho dos alunos poderão ser verificadas no decorrer do processo.

Nesses termos, considerando a avaliação como um instrumento que está centrado no desempenho do aluno, Turra et al. (1975, p. 175) apontam que "a importância desta, bem como os procedimentos utilizados nesse processo, têm variado no decorrer dos tempos, sofrendo a influência das tendências de valoração que se acentuam em cada época e dos desenvolvimentos da ciência e da tecnologia".

Nesse sentido, tendo em vista a variação nos procedimentos de avaliação, propomos, então, que as provas escritas não sejam o único modo de avaliar o aluno, mas, sim, que também sejam utilizados outros instrumentos avaliativos para mensurar o desenvolvimento deste em sala de aula.

Entendendo que a avaliação demonstra para o professor a eficácia de sua prática pedagógica e que diferentes formas de avaliar devem ser utilizadas com esse propósito, os PCN do ensino fundamental afirmam que

> *a avaliação deve considerar o desenvolvimento das capacidades dos estudantes com relação à aprendizagem não só de conceitos, mas também de procedimentos e de atitudes. Dessa forma, é fundamental que se utilizem diversos instrumentos e situações para poder avaliar diferentes aprendizagens. Para que a avaliação seja feita em clima afetivo e cognitivo propício para o processo de ensino e aprendizagem, os critérios de avaliação necessitam estar explícitos e claros tanto para o professor como para os estudantes.* (Brasil, 1998, p. 31)

Propomos, na sequência, outros instrumentos de avaliação, além das tradicionais provas escritas. No entanto, é necessário que esses instrumentos sejam bem equilibrados para detectar o nível de complexidade dos conceitos desenvolvidos pelos alunos, podendo ser aplicados de forma individual ou coletiva, oral ou escrita, dependendo do enfoque que lhes é dado.

Podemos citar como diferentes formas de avaliação:

> - atividades por escrito;
> - dramatização;
> - trabalho de pesquisa;
> - construção de modelos;
> - avaliação oral;
> - experimentação;
> - seminários;
> - trabalho de grupo;
> - exercícios de aplicação;

- debate;
- exposição interativa-dialogada;
- desenho;
- confecção de maquetes;
- visitas técnicas;
- feiras de ciências;
- portfólios.

Nessas formas diversificadas de avaliação, alguns critérios podem ser considerados na valoração da nota, entre os quais podem ser citados:

- a compreensão e a interpretação de textos nas pesquisas propostas;
- a compreensão e a interpretação de filmes assistidos;
- o desempenho na apresentação de seminários;
- a organização e a coerência do conteúdo nos trabalhos preparados;
- a organização de debates;
- a capacidade de observação e a descrição das visitas técnicas;
- a interpretação e a crítica das atividades do cotidiano;
- o desempenho nos trabalhos realizados em feiras de ciências.

No que se refere ao ensino das ciências naturais e biológicas, já que estas se configuram áreas do conhecimento que se utilizam do método de observação e de experimentação vários instrumentos podem ser utilizados como processos avaliativos. A seguir, propomos formas de avaliação diversificadas:

> atividades por escrito;
> dramatização;
> trabalho de pesquisa;
> construção de modelos;
> avaliação oral;
> experimentação;
> relatórios de atividades experimentais;
> seminários;
> trabalho de grupo;
> exercícios de fixação;
> debates;
> exposição interativa-dialogada;
> desenho;
> maquete;
> relatório de atividades práticas/experimentais.

De acordo com Libâneo (2008, p. 200), a avaliação escolar é uma parte integrante do processo de ensino-aprendizagem, e não uma etapa isolada. Há uma exigência de que esteja concatenada com os objetivos-conteúdos-métodos expressos no plano de ensino e desenvolvidos no decorrer das aulas.

Para tanto, é necessário que o professor planeje cada aula, buscando atingir os objetivos e trabalhar os conteúdos de forma que leve o educando à aprendizagem significativa.

**A avaliação também possibilita a revisão do plano de ensino**, pois o levantamento dos conhecimentos dos alunos antes de iniciar um novo conteúdo e a verificação da aprendizagem permitem que o professor reflita sobre o seu plano de ensino, visando à criação de condições didático-pedagógicas para que o educando apreenda o conhecimento.

Ainda segundo Libâneo (2008, p. 203): "A avaliação é um ato pedagógico. Nela o professor mostra as suas qualidades de educador na medida em que trabalha sempre com propósitos definidos em relação ao desenvolvimento das capacidades físicas e intelectuais dos alunos face às exigências da vida social".

### Atenção !!!

De acordo com a Lei nº 9. 394, de 20 de dezembro de 1996, que dispõe sobre as diretrizes e bases da educação nacional (Brasil, 1996), para verificar o rendimento escolar, a avaliação deverá ser contínua e cumulativa, com prevalência dos aspectos qualitativos sobre os quantitativos e dos resultados ao longo do período sobre os de eventuais provas finais.

Já para Hoffmann (1991, p. 67), a avaliação como prática pedagógica que compõe a mediação didática realizada pelo professor é entendida como "ação, movimento, provocação, na tentativa de reciprocidade intelectual entre os elementos da ação educativa".

Nesse sentido, note que é necessário o comprometimento do professor na superação das dificuldades do aluno durante o processo de ensino-aprendizagem, cabendo a ele identificar quais são essas dificuldades para que o educando obtenha uma aprendizagem significativa. Para isso, é necessário que o educador estabeleça critérios de avaliação, pois, de acordo com os PCN do primeiro e do segundo ciclo do ensino fundamental:

> *Os critérios de avaliação têm um papel importante, pois explicitam as expectativas de aprendizagem, considerando objetivos e conteúdos propostos para a área e para o ciclo, a organização lógica e interna dos conteúdos, as particularidades de cada momento da escolaridade e as possibilidades de aprendizagem decorrentes de cada etapa do desenvolvimento cognitivo, afetivo e social em uma determinada situação, na qual os alunos tenham boas condições de desenvolvimento do ponto de vista pessoal e social.*
> (Brasil, 1997a, p. 58)

Para um bom processo avaliativo, o professor precisa ter conhecimento dos critérios de avaliação das ciências naturais para o primeiro ciclo, estabelecidos nos PCN de ciências naturais, os quais devem estar relacionados diretamente com os objetivos que norteiam cada ciclo de aprendizagem (Brasil, 1997a, p. 56).

No Quadro 4.1, você pode observar os critérios de avaliação do primeiro ciclo de aprendizagem, de acordo com os PCN de ciências naturais já citado.

QUADRO 4.1 – CRITÉRIOS DE AVALIAÇÃO DE CIÊNCIAS NATURAIS PARA O PRIMEIRO CICLO DE APRENDIZAGEM

| Objetivos do primeiro ciclo | Critérios de avaliação |
|---|---|
| Identificar componentes comuns e diferentes em ambientes diversos a partir de observações diretas e indiretas. | Com este critério pretende-se avaliar se o aluno, utilizando dados de observação direta ou indireta, reconhece que todo ambiente é composto por seres vivos, água, ar e solo, e os diversos ambientes diferenciam-se pelos tipos de seres vivos e pelas características da água e do solo. |
| Observar, descrever e comparar animais e vegetais em diferentes ambientes, relacionando suas características ao ambiente em que vivem. | Com este critério pretende-se avaliar se o aluno é capaz de identificar as características dos seres vivos que permitem sua sobrevivência nos ambientes que habitam, utilizando dados de observação. |
| Buscar informações mediante observações, experimentações ou outras formas, e registrá-las, trabalhando em pequenos grupos, seguindo um roteiro preparado pelo professor, ou pelo professor em conjunto com a classe. | Com este critério pretende-se avaliar se o aluno, tendo realizado várias atividades em pequenos grupos de busca de informações em fontes variadas, é capaz de cooperar nas atividades de grupo e acompanhar adequadamente um novo roteiro. |
| Registrar sequências de eventos observadas em experimentos e outras atividades, identificando etapas e transformações. | Com este critério pretende-se avaliar a capacidade do aluno de identificar e registrar sequências de eventos – as etapas e as transformações – em um experimento ou em outras atividades. |

*(continua)*

*(Quadro 4.1 – conclusão)*

| Objetivos do primeiro ciclo | Critérios de avaliação |
|---|---|
| Identificar e descrever algumas transformações do corpo e dos hábitos – de higiene, de alimentação e atividades cotidianas – do ser humano nas diferentes fases da vida. | Com este critério pretende-se avaliar se o aluno relaciona os hábitos e as características do corpo humano a cada fase do desenvolvimento e se identifica as transformações ao longo desse desenvolvimento. |
| Identificar os materiais de que os objetos são feitos, descrevendo algumas etapas de transformação de materiais em objetos a partir de observações realizadas. | Com este critério pretende-se avaliar se o aluno é capaz de compreender que diferentes materiais são empregados para a confecção de diferentes objetos. Pretende-se avaliar também a capacidade do aluno de descrever as etapas de transformação de materiais em objetos. |

Fonte: Brasil, 1997a, p. 56.

A seguir, apresentamos também os critérios de avaliação do segundo ciclo de aprendizagem, ainda de acordo com os PCN de ciências naturais.

QUADRO 4.2 – CRITÉRIOS DE AVALIAÇÃO DE CIÊNCIAS NATURAIS PARA O SEGUNDO CICLO DE APRENDIZAGEM

| Objetivos do segundo ciclo | Critérios de avaliação |
|---|---|
| Comparar diferentes tipos de solo identificando componentes semelhantes e diferentes. | Com este critério pretende-se avaliar se o aluno é capaz de compreender que os solos têm componentes comuns – areia, argila, água, ar, seres vivos, inclusive os decompositores e restos de seres vivos – e os diferentes solos apresentam esses componentes em quantidades variadas. |

*(continua)*

*(Quadro 4.2 – continuação)*

| Objetivos do segundo ciclo | Critérios de avaliação |
|---|---|
| Relacionar as mudanças de estado da água às trocas de calor entre ela e o meio, identificando a amplitude de sua presença na natureza, muitas vezes misturada a diferentes materiais. | Com este critério pretende-se avaliar se o aluno identifica a presença da água em diferentes espaços terrestres e no corpo dos seres vivos e que as trocas de calor entre água e o meio têm como efeito a mudança de estado físico, sendo capaz de explicar o ciclo da água na natureza. |
| Relacionar solo, água e seres vivos nos fenômenos de escoamento e erosão. | Com este critério pretende-se avaliar se o aluno é capaz de compreender que a permeabilidade é uma propriedade do solo, estando relacionada à sua composição, e a água, agente de erosão, atua mais intensamente em solos descobertos. |
| Estabelecer relação alimentar entre seres vivos de um mesmo ambiente. | Com este critério pretende-se avaliar se o aluno identifica a cadeia alimentar como relação de dependência alimentar entre animais e vegetais, estando os vegetais no início de todas elas. |
| Aplicar seus conhecimentos sobre as relações água-solo-seres vivos na identificação de algumas consequências das intervenções humanas no ambiente construído. | Com este critério pretende-se avaliar se o aluno é capaz de reconhecer a erosão e a perda de fertilidade dos solos como resultado da ação das chuvas sobre solos desmatados e queimados (ambiente devastado), e a necessidade de construção de sistemas de escoamento de água em locais onde o solo foi recoberto por asfalto (ambiente urbano). |

*(Quadro 4.2 – continuação)*

| Objetivos do segundo ciclo | Critérios de avaliação |
|---|---|
| Identificar e localizar órgãos do corpo e suas funções, estabelecendo relações entre sistema circulatório, aparelho digestivo, aparelho respiratório e aparelho excretor. | Com este critério pretende-se avaliar se o aluno é capaz de perceber a disposição espacial dos órgãos e aparelhos estudados e suas funções, compreendendo o corpo como um sistema em que tais aparelhos se relacionam realizando trocas. |
| Identificar as relações entre condições de alimentação e higiene pessoal e ambiental e a preservação da saúde humana. | Com este critério pretende-se avaliar se o aluno é capaz de compreender que a saúde individual depende de um conjunto de fatores: alimentação, higiene pessoal e ambiental, e a carência, ou inadequação, de um ou mais desses fatores acarreta doença. |
| Identificar e descrever as condições de saneamento básico – com relação à água e ao lixo – de sua região, relacionando-as à preservação da saúde. | Com este critério pretende-se avaliar se o aluno é capaz de compreender como o saneamento se estrutura na sua região, relacionando-o aos problemas de saúde ali verificados. |
| Reconhecer diferentes papéis dos microrganismos e fungos em relação ao homem e ao ambiente. | Com este critério pretende-se avaliar se o aluno é capaz de compreender que os microrganismos e fungos atuam como decompositores, contribuindo para a manutenção da fertilidade do solo, e que alguns deles são causadores de doenças, entre eles o vírus da Aids. |

*(Quadro 4.2 – conclusão)*

| Objetivos do segundo ciclo | Critérios de avaliação |
|---|---|
| Reconhecer diferentes fontes de energia utilizadas em máquinas e outros equipamentos e as transformações que tais aparelhos realizam. | Com este critério pretende-se avaliar se o aluno é capaz de nomear as formas de energia utilizadas em máquinas e equipamentos, descrevendo suas finalidades e as transformações que realizam, identificando algumas delas como outras formas de energia. |
| Organizar registro de dados em textos informativos, tabelas, desenhos ou maquetes, que melhor se ajustem à representação do tema estudado. | Com este critério pretende-se avaliar se o aluno é capaz de representar diferentes objetos de estudo por meio de desenhos ou maquetes, que guardem detalhes relevantes do modelo observado; tabelas, como instrumento de registro e interpretação de dados; textos informativos, como forma de comunicação de suposições, informações coletadas e conclusões. |
| Realizar registros de sequências de eventos em experimentos, identificando etapas, transformações e estabelecendo relações entre os eventos. | Com este critério pretende-se avaliar se o aluno é capaz de identificar e registrar sequências de eventos – as etapas e as transformações – em um experimento por ele realizado e de estabelecer relações causais entre os eventos. |

| Objetivos do segundo ciclo | Critérios de avaliação |
|---|---|
| Buscar informações por meio de observações, experimentações ou outras formas, e registrá-las, trabalhando em pequenos grupos, seguindo um roteiro preparado pelo professor, ou pelo professor em conjunto com a classe. | Com este critério pretende-se avaliar se o aluno, tendo realizado várias atividades em pequenos grupos de busca de informações em fontes variadas, é capaz de cooperar nas atividades de grupo e acompanhar adequadamente um novo roteiro. |

Fonte: Brasil, 1997b, p. 74-75.

Nesse sentido, Gioppo e Barra (2005, p. 16) afirmam que a "avaliação é um processo ativo e sistemático com muitos passos, que incluem planejamento, atuação e avaliação simultâneos, reflexão (interpretação de dados), e intervenção (tomada de decisões sobre a aprendizagem de cada indivíduo)".

Nesse mesmo contexto, os PCN do ensino fundamental orientam que professor pode realizar a avaliação por meio de:

> Observação sistemática: acompanhamento do processo de aprendizagem dos alunos utilizando alguns instrumentos, como registro em tabelas, listas de controle, diário de classe e outros.
> Análise das produções dos alunos: considerar a variedade de produções realizadas pelos alunos, para que se possa ter um quadro real das aprendizagens conquistadas. Por exemplo: se a avaliação se dá sobre a competência dos alunos na produção

> de textos, deve-se considerar a totalidade dessa produção, que envolve desde os primeiros registros escritos no caderno de lição, até os registros das atividades de outras áreas e das atividades realizadas especificamente para esse aprendizado, além do texto produzido pelo aluno para os fins específicos desta avaliação.
>
> › Atividades específicas para a avaliação: nestas, os alunos devem ter objetividade ao expor sobre um tema, ao responder um questionário. Para isso é importante, em primeiro lugar, garantir que sejam semelhantes às situações de aprendizagem comumente estruturadas em sala de aula, isto é, que não se diferenciem, em sua estrutura, das atividades que já foram realizadas; em segundo lugar, deixar claro para os alunos o que se pretende avaliar, pois, inevitavelmente, eles estarão mais atentos a esses aspectos.

Fonte: Brasil, 1997b, p. 57.

A avaliação permite que o professor reflita sobre e na sua prática pedagógica, além de planejar atividades que venham contribuir para o desempenho do educando. Essas atividades podem se dar em grupos de estudos extraescolares e de reforço escolar.

Segundo Krasilchik (2008, p. 140-141), a avaliação de um curso ou de uma unidade de estudo deve ser planejada e vários são os fatores que devem ser considerados nela, quais sejam:

> *Periodicidade das provas:* é essencial prever e comunicar aos alunos, no início dos trabalhos escolares, o número de provas a que eles serão submetidos e o intervalo entre elas.
>
> *Tempo:* o período para a realização da avaliação deve ser suficiente para poder avaliar o aprendizado do aluno.
>
> *Instrumentos:* para que o professor obtenha dados sobre o seu trabalho e do aprendizado do aluno, é necessário selecionar adequadamente os instrumentos de avaliação. Os instrumentos mais usados são fichas para observação dos alunos e provas.

Haydt (2006), nessa mesma vertente, expõe que, para avaliar o aproveitamento do aluno, existem três técnicas básicas e uma grande variedade de instrumentos de avaliação. A seguir, expomos o quadro das técnicas e dos instrumentos de avaliação, proposto por essa autora.

QUADRO 4.3 – TÉCNICAS E INSTRUMENTOS DE AVALIAÇÃO

| Técnicas | Instrumentos | Objetivos básicos |
|---|---|---|
| Observação | Registro da observação<br>› fichas<br>› caderno | Verificar o desenvolvimento cognitivo, afetivo e psicossocial do educando, em decorrência das experiências vivenciadas. |
| Autoavaliação | Registro de autoavaliação | |

*(continua)*

*(Quadro 4.3 – conclusão)*

| Técnicas | Instrumentos | Objetivos básicos |
|---|---|---|
| Aplicação de provas<br>› arguição<br>› dissertação<br>› testagem | Prova oral<br>Prova escrita<br>› dissertativa<br>› objetiva | Determinar o aproveitamento cognitivo do aluno, em decorrência da aprendizagem. |

Fonte: Haydt, 2006, p. 296.

Entenda, então, que o professor precisa selecionar os instrumentos de avaliação de acordo com os objetivos do processo de ensino-aprendizagem, a área de estudo, os métodos e procedimentos usados no ensino e nas situações de aprendizagem, as condições de tempo do professor e o número de alunos por classe (Haydt, 2006, p. 296).

A avaliação por meio de provas, por sua vez, pode ter questões de **resposta estruturada** ou **objetiva** ou questões de **resposta livre**. De acordo com Libâneo (2008, p. 207), as provas de questões objetivas avaliam a extensão de conhecimentos e habilidades e possibilitam a elaboração de maior número de questões.

As questões de resposta livre são as que podem ser respondidas com poucas palavras ou mesmo por indicação de uma letra ou número. Segundo Krasilchik (2008, p. 143), há vários tipos de questões de resposta estruturada, sendo as mais usadas no ensino de Biologia as questões, ou itens, de múltipla escolha.

Também para essa autora, "as questões de respostas livres são as que exigem dos alunos respostas estruturadas e apresentadas com suas próprias palavras, prestando-se, portanto, a avaliar a capacidade de analisar problemas, sintetizar conhecimentos, compreender conceitos, emitir juízos de valor etc." (Krasilchik, 2008, p. 147).

Ainda nesse assunto, Libâneo (2008, p. 205) assevera que

> *a prova escrita dissertativa compõe-se de um conjunto de questões ou temas que devem ser respondidos pelos alunos com suas próprias palavras. Para esse autor, as questões da prova precisam ser elaboradas de forma clara e atender os conteúdos trabalhados, além das habilidades intelectuais dos alunos na assimilação dos conteúdos.*

Por concordar com o pensamento de Schnetzler (1992), no sentido de que o estilo de ensino do professor depende das suas ações praticadas em sala de aula e das interações que mantém com seus alunos, fazemos nossas as palavras dessa autora:

> *o estilo de ensino de um professor manifesta a sua concepção de educação, de aprendizagem e dos conhecimentos e atividades que propicia aos seus alunos. Por isso, ao se propor um novo modelo de ensino, deve-se explicitar efetivamente as concepções de aluno, de aprendizagem e de conhecimento que estão subjacentes ao modelo. Além disso, as atividades propostas aos alunos, a organização do conteúdo, as interações em sala de aula e os procedimentos de avaliação adotados devem ser examinados em termos de coerência com aquelas*

> *concepções. Caso contrário, corre-se o risco de colocar em prática procedimentos de ensino cujos efeitos serão diferentes dos inicialmente pretendidos ou, ainda, de serem inadequados para propiciar a ocorrência de aprendizagem significativa.*
> (Schnetzler, 1992, p. 17)

Assim, os processos avaliativos podem auxiliar o aluno a progredir na aprendizagem e, ainda, orientar a ação pedagógica do professor. Para tanto, é necessário o planejamento das atividades didático-pedagógicas e a reflexão durante o desenvolvimento das aulas e também após a realização destas.

## SÍNTESE

Neste capítulo, apresentamos a você os principais aspectos do planejamento de ensino, indicando que, por meio dele, são tomadas todas as decisões que se referem ao processo pedagógico.

Abordamos a organização de atividades com o uso dos recursos didáticos, indicando que a utilização de tecnologias diferenciadas é um modo de diversificar as aulas, tornando-as mais interessantes na visão dos alunos.

Por meio dos assuntos abordados, você pôde observar a importância dos processos avaliativos na verificação da aprendizagem dos alunos e as principais características desses processos, sua finalidade e os aspectos que levam a constatar o caráter diagnóstico da avaliação.

Vimos ainda que a avaliação deve ser contínua para que possa cumprir sua função de auxiliar o processo de ensino-aprendizagem, já que esta é uma forma de direcionar a prática pedagógica do professor.

Você pôde verificar também que é necessário o professor incentivar os alunos a se conscientizarem de suas dificuldades e a pensarem sobre o porquê delas, estando atento aos obstáculos que se colocam à aprendizagem.

Propomos, por fim, outros instrumentos de avaliação, além das tradicionais provas escritas, enfatizando que é necessário que esses instrumentos sejam bem equilibrados para detectar o nível de complexidade dos conceitos desenvolvidos pelos alunos, os quais podem ser aplicados de forma individual ou coletiva, oral ou escrita.

## INDICAÇÕES CULTURAIS

### LIVRO

ANDRÉ, M.; DARSIE, M. Novas práticas de avaliação e a escrita do diário: atendimento às diferenças? In: ANDRÉ, M. (Org.). Pedagogia das diferenças na sala de aula. Campinas: Papirus, 1999.

Esse livro aborda a pedagogia das diferenças de Phillipe Perrenoud: a avaliação e os desafios do professor como educador diante de situações de diferença entre os alunos na sala de aula. A obra permite que o leitor compreenda como se deve dar a construção do projeto político-pedagógico na escola.

# ATIVIDADES DE AUTOAVALIAÇÃO

[1] Assinale a alternativa correta sobre planejamento de ensino:

[A] É um procedimento didático necessário para nortear as ações do processo pedagógico de forma a atender os objetivos que se pretende atingir.
[B] Exige somente a seleção de livros didáticos atualizados.
[C] Não deve levar em consideração o perfil dos alunos.
[D] Nele não são previstas as formas de avaliação.

[2] Os objetivos do ensino de ciências naturais para o ensino fundamental, de acordo com os PCN de ciências naturais (Brasil, 1998), são:

[I] Compreender a natureza como um todo dinâmico e o ser humano, em sociedade, como agente de transformações do mundo em que vive, em relação essencial com os demais seres vivos e com outros componentes do ambiente.
[II] Compreender a ciência como um processo de produção de conhecimento e uma atividade humana, histórica, associada a aspectos de ordem social, econômica, política e cultural.
[III] Identificar relações entre conhecimento científico, produção de tecnologia e condições de vida, no mundo de hoje e em sua evolução histórica, e compreender a tecnologia como meio para suprir necessidades humanas, sabendo elaborar juízo sobre riscos e benefícios das práticas científico-tecnológicas.

[IV] Compreender a saúde pessoal, social e ambiental como bens individuais e coletivos que devem ser promovidos pela ação de diferentes agentes.

Estão corretas:

[A] somente I e II.

[B] I, II, III e IV.

[C] somente II e IV.

[D] somente I, II e III.

[3] Para selecionar um procedimento de ensino, o professor deve considerar como critérios:

[A] somente os objetivos a serem atingidos.

[B] a aprendizagem a ser efetivada.

[C] a adequação aos objetivos estabelecidos para o ensino e a aprendizagem, a natureza do conteúdo a ser ensinado e o tipo de aprendizagem a ser efetivada.

[D] os conteúdos a serem ministrados.

[4] Os recursos audiovisuais precisam ser selecionados de acordo com:

[A] o tempo de aula.

[B] o livro didático adotado na escola.

[C] o conteúdo a ser ensinado.

[D] o método selecionado.

[5] Assinale a alternativa correta sobre a avaliação:

[A] Tem caráter somente diagnóstico.

[B] Permite avaliar somente o desempenho do aluno.

[C] Deve considerar o desenvolvimento das capacidades dos estudantes com relação à aprendizagem dos conceitos.

[D] Deve considerar o desenvolvimento das capacidades dos estudantes com relação à aprendizagem dos conceitos, dos procedimentos e das atitudes.

## ATIVIDADES DE APRENDIZAGEM

### QUESTÕES PARA REFLEXÃO

Pense e discuta com seu grupo de estudos as seguintes questões:

[1] Como deve ser a prática da avaliação escolar?

[2] As questões elaboradas em suas avaliações são contextualizadas?

### ATIVIDADES APLICADAS: PRÁTICA

[1] Elabore uma ficha de observação do aluno em uma atividade desenvolvida no laboratório.

[2] Elabore uma prova para o segundo ciclo do ensino fundamental, atendendo os objetivos e os critérios de avaliação.

[3] Pesquise sobre os critérios de avaliação do ensino de ciências para o primeiro e o segundo ciclo (5ª e 6ª série) do ensino fundamental, estabelecidos nos PCN para o ensino de ciências (Brasil, 1997b).

# considerações finais...

Sabemos que as disciplinas das áreas de ciências naturais e biológicas são constituídas por linguagem e simbologias próprias e que sua aprendizagem é dependente de excessiva memorização de conceitos, nomes, símbolos e fórmulas.

Diante de tal fato, e uma vez que a metodologia de ensino é o centro da prática pedagógica, você pode perceber que a falta de metodologias diferenciadas dificulta a aprendizagem do aluno nessas áreas do conhecimento.

Por isso, é importante que o professor de ciências naturais adote metodologias e estratégias de ensino que promovam a assimilação e a produção dos conceitos científicos, para que, desse modo, o aluno obtenha uma aprendizagem significativa.

Tendo em vista que o objetivo mais amplo desta obra é o conhecimento de metodologias do ensino de ciências biológicas e da natureza – as quais contribuem com as práticas pedagógicas do professor, visando à aprendizagem do aluno – , buscamos fornecer um embasamento teórico-metodológico que leve você a refletir sobre sua própria prática docente, bem como a compreender as aplicações de metodologias adequadas para a construção do conhecimento científico.

Com esse propósito, iniciamos esta obra retratando os aspectos fundamentais da ciência, seus métodos, sua classificação e as características peculiares a cada área das ciências da natureza, bem como apresentamos os fundamentos do conhecimento do senso comum para a formação de conceitos.

No decorrer da obra, retratamos a importância do estudo das ciências naturais no ensino fundamental, apresentando a organização dos conteúdos do ensino de ciências naturais das séries iniciais do ensino fundamental e a relação entre esses conteúdos e as diferentes ciências.

Mostramos também que, devido ao contexto social no qual o aluno está inserido, diferentes propostas para o ensino de ciências naturais têm sido apresentadas no decorrer dos últimos anos, o que contribuiu deveras para o desenvolvimento da educação.

Analisamos, ainda, os métodos de ensino utilizados em sala de aula para o desenvolvimento do conhecimento científico, bem como os conceitos de metodologia do ensino e métodos de ensino e seus princípios. Vimos também as implicações pedagógicas sobre o método de investigação científica e a produção do conhecimento, enfatizando que a abordagem interdisciplinar dos conteúdos pode ser uma estratégia de ensino e aprendizagem motivadora para os alunos.

Finalmente, tratamos do planejamento e da organização de atividades por meio de textos, livros didáticos, atividades de campo e recursos tecnológicos, evidenciando a importância dos processos avaliativos na verificação da aprendizagem dos alunos, retratando suas principais características, sua finalidade e os aspectos que nos levam a constatar o caráter diagnóstico da avaliação.

Esperamos que esta obra possa fornecer informações que venham auxiliar a você, que atua na área de ciências biológicas e da natureza, visando enriquecer sua prática pedagógica.

# referências...

ABRANTES, A. A.; MARTINS, L. M. A produção do conhecimento científico: relação sujeito-objeto e desenvolvimento do pensamento. Interface: Comunicação, Saúde, Educação, Botucatu, v. 11, n. 22, p. 313-325, maio/ago. 2007. Disponível em: <http://www.scielo.br/pdf/icse/v11n22/10.pdf>. Acesso em: 21 mar. 2010.

ANDRADE, I. B.; MARTINS, I. Discursos de professores de ciências sobre leitura. Disponível em: <http://www.tracaletras.com.br/lit&c/barcellos&martins2004.pdf>. Acesso em: 7 set. 2010.

ARANHA, M. L. A. Filosofia da educação. 3. ed. São Paulo: Moderna, 2006.

ARANHA, M. L. A.; MARTINS, M. H. P. Filosofando: introdução à filosofia. 3. ed. rev. São Paulo: Moderna, 2003.

A REDAÇÃO. O efeito estufa diante de seus olhos. Ciência Hoje das Crianças, Rio de Janeiro, n. 214, 10 ago. 2010. Disponível em:

<http://chc.cienciahoje.uol.com.br/revista/revista-chc-2010/214/o-efeito-estufa-diante-de-seus-olhos>. Acesso em: 8 set. 2010.

ARMSTRONG, D. L. de P. Fundamentos filosóficos do ensino de ciências naturais. Curitiba: Ibpex, 2008.

AUGUSTO, T. G. S. et al. Interdisciplinaridade: concepções de professores da área ciências da natureza em formação em serviço. Ciência e Educação, Bauru, v. 10, n. 2, p. 277-289, 2004. Disponível em: <http://www.scielo.br/pdf/ciedu/v10n2/09.pdf>. Acesso em: 20 mar. 2010.

BARLOW, M. Avaliação escolar: mitos e realidades. Porto Alegre: Artmed, 2006.

BASTOS, C. L.; KELLER, V. Aprendendo a aprender: introdução à metodologia científica. Curitiba: Livros HDV, 1989.

BIZZO, N. M. V. Metodologia e prática de ensino de ciências: a aproximação do estudante de magistério das aulas de ciências no 1º grau. Disponível em: <http://www.ufpa.br/eduquim/praticadeensino.htm>. Acesso em: 5 jul. 2010.

BORDONI, T. C. Uma postura interdisciplinar. Disponível em: <http://www.forumeducacao.hpg.ig.com.br/textos/textos/didat_7.htm>. Acesso em: 7 set. 2010.

BRASIL. Lei n. 9.394, de 20 de dezembro de 1996. Diário Oficial da União, Brasília, DF, 23 dez. 1996. Disponível em: <http://www.planalto.gov.br/ccivil_03/Leis/L9394.htm>. Acesso em: 1º maio 2011.

_____. Lei n. 11.794, de 8 de outubro de 2008. Diário Oficial da União, Brasília, DF, 9 nov. 2008. Disponível em: <http://www.planalto.gov.br/

ccivil_03/_ato2007-n.2010/2008/lei/l11794.htm>. Acesso em: 1º maio 2011.

BRASIL. Ministério da Educação. Secretaria de Educação Fundamental. Introdução aos Parâmetros Curriculares Nacionais: Primeiro e Segundo Ciclos do Ensino Fundamental. Brasília: 1997a. Disponível em: <http://portal.mec.gov.br/seb/arquivos/pdf/livro01.pdf>. Acesso em: 23 ago. 2010.

BRASIL. Ministério da Educação. Secretaria de Educação Fundamental. Parâmetros Curriculares Nacionais: Ciências Naturais – Primeiro e Segundo Ciclos do Ensino Fundamental. Brasília: 1997b. Disponível em: <http://portal.mec.gov.br/seb/arquivos/pdf/livro04.pdf>. Acesso em: 23 ago. 2010.

_____. Parâmetros Curriculares Nacionais: Ciências Naturais – Terceiro e Quarto Ciclos do Ensino Fundamental. Brasília: 1998. Disponível em: <http://portal.mec.gov.br/seb/arquivos/pdf/ciencias.pdf>. Acesso em: 30 maio 2010.

_____. Ministério da Educação. Secretaria de Educação Média e Tecnológica. Parâmetros Curriculares Nacionais: Ensino Médio. Brasília: 1999.

_____. Parâmetros Curriculares Nacionais: Ensino Médio. Brasília: 2000. Disponível em: <http://portal.mec.gov.br/seb/arquivos/pdf/blegais.pdf>. Acesso em: 30 maio de 2010.

_____. Ministério da Educação. Conselho Nacional de Educação. Câmara de Educação Superior. Parecer n. 1.301, 06 de novembro de 2001. Relatores: Francisco César de Sá Barreto, Carlos Alberto Serpa de Oliveira, Roberto Claudio Frota Bezerra. Diário Oficial da União, Brasília, DF, 7 dez. 2001. Disponível em: <http://portal.mec.gov.br/cne/arquivos/pdf/CES1301.pdf>. Acesso: 20 maio 2010.

BRITO, S. L. Um ambiente multimediatizado para a construção do conhecimento em química. In: MORTIMER, E. F. (Org.). Química: ensino médio. Brasília: Ministério da Educação, Secretaria de Educação Básica, 2006. p. 133-136. (Coleção Explorando o Ensino, v. 4).

CARLOS, J. G. Interdisciplinaridade: o que é isso? Disponível em: <http://vsites.unb.br/ppgec/dissertacoes/proposicoes/proposicao_jairocarlos.pdf>. Acesso em: 8 set. 2010.

CHAUI, M. Convite à filosofia. 12. ed. São Paulo: Ática, 2001.

COTRIM. G. Fundamentos da filosofia: história e grandes temas. 15. ed. São Paulo: Saraiva, 2002.

DELIZOICOV, D.; ANGOTTI, J. A. Metodologia do ensino de ciências. São Paulo: Cortez, 1990.

DELIZOICOV, D.; ANGOTTI, J. A.; PERNAMBUCO, M. M. Ensino de ciências: fundamentos e métodos. 2. ed. São Paulo: Cortez, 2007. (Coleção Docência em Formação).

DELVAL, J. Crescer e pensar: a construção do conhecimento na escola. Tradução de Beatriz Affonso Neves. Porto Alegre: Artes Médicas, 1998.

DEMO, P. Metodologia do conhecimento científico. São Paulo: Atlas, 2000.

DOURADO, L. Concepções e práticas dos professores de ciências naturais relativas à implementação integrada do trabalho laboratorial e do trabalho de campo. Revista Electrónica de Enseñanza de las Ciências, v. 5, n. 1, p. 192-212, 2006. Disponível em: <http://www.saum.uvigo.es/reec/volumenes/volumen5/ART11_Vol5_N1.pdf>. Acesso em: 20 mar. 2010.

FARIAS, I. M. S. et al. Didática e docência: aprendendo a profissão. Brasília: Liber Livro, 2009.

FAZENDA, I. Didática e interdisciplinaridade. Campinas: Papirus, 1998. (Coleção Práxis).

FRACALANZA, H.; AMARAL, I. A.; GOUVEIA, M. S. F. O ensino de ciências no primeiro grau. São Paulo: Atual, 1986.

FUMAGALLI, L. O ensino das ciências naturais no nível fundamental da educação formal: argumentos a seu favor. In: WEISSMANN, H. (Org.). Didáticas das ciências naturais: contribuições e reflexões. São Paulo: Artmed, 1998. p. 13-29.

GIL-PÉREZ, D.; CARVALHO, A. M. P. Formação de professores de ciências: tendências e inovações. 4. ed. São Paulo: Cortez, 2000.

_____. Formação de professores de ciências: tendências e inovações. 9 ed. São Paulo: Cortez, 2009. (Coleção Questões da Nossa Época, v. 26).

GIOPPO, C.; BARRA, V. M. M. A avaliação em ciências naturais nas séries iniciais. Curitiba: Ed. da UFPR, 2005. (Coleção Avaliação da Aprendizagem, v. 6).

GIORDAN, M. O papel da experimentação no ensino de ciências. QNEsc – Química Nova na Escola, n. 10, p. 43-49, 1999. Disponível em: <http://qnesc.sbq.org.br/online/qnesc10/pesquisa.pdf>. Acesso em: 1º maio 2011.

HAYDT, R. C. C. Curso de didática geral. São Paulo: Ática, 1994.

_____. Curso de didática geral. 7 ed. São Paulo: Ática, 2006.

HENNING, G. J. Metodologia do ensino de ciências. Porto Alegre: Mercado Aberto, 1986.

HOFFMANN, J. M. L. Avaliação: mito e desafio – uma perspectiva construtivista. Educação e Realidade, Porto Alegre, 1991.

HOFSTEIN, A.; LUNNETA, V. N. The Role of the Laboratory in Science Teaching: Neglected Aspects of Research. Review of Educational Research, USA, v. 52, n. 2, p. 201-217, 1982.

HULL, D. Filosofia da ciência biológica. Rio de Janeiro: J. Zahar, 1975.

JAPIASSÚ, H. Interdisciplinaridade e patologia do saber. Rio de Janeiro: Imago, 1976.

KAUFMAN, M.; SERAFINI, C. A horta: um sistema ecológico. In: WEISSMANN, H. (Org.). Didática das ciências naturais: contribuições e reflexões. Porto Alegre: Artmed, 1998. p. 153-183.

KLOSOUSKI, S. S.; REALI, K. M. Planejamento de ensino como ferramenta básica do processo ensino-aprendizagem. Unicentro: Revista Eletrônica Lato Sensu, Guarapuava, 5. ed., 2008. Disponível em:<http://web03.unicentro.br/especializacao/Revista_Pos/P%C3%A1ginas/5%20Edi%C3%A7%C3%A3o/Humanas/PDF/7-Ed5_CH-Plane.pdf>. Acesso em: 10 set. 2010.

KRASILCHIK, M. Prática de ensino de biologia. 4. ed. São Paulo: Edusp, 2008.

KUENZER, A. Z. As mudanças no mundo do trabalho e a educação: novos desafios para a gestão. In: FERREIRA, N. S. C. Gestão democrática da educação: atuais tendências, novos desafios. 6. ed. São Paulo: Cortez, 2008.

LACREU, L. I. Ecologia, ecologismo e abordagem ecológica no ensino das ciências naturais: variações sobre um tema. In: WEISSMANN, H. (Org.). Didática das ciências naturais: contribuições e reflexões. Porto Alegre: Artmed, 1998. p. 53-76.

LIBÂNEO, J. C. Didática. São Paulo: Cortez, 2008.

LORENZETTI, L.; DELIZOICOV, D. Alfabetização científica no contexto das séries iniciais. Ensaio: Pesquisa em Educação em Ciências, v. 3, n. 1, 2001. Disponível em: <http://www.fae.ufmg.br/ensaio/v3_n1/leonir.PDF>. Acesso em: 14 jul. 2010.

LUCKESI, C. C. Avaliação da aprendizagem escolar. 3. ed. São Paulo: Cortez, 1996.

_____. Filosofia da educação. São Paulo: Cortez, 1992. (Coleção Magistério).

MACHADO, N. J. Educação: projetos e valores. 3. ed. São Paulo: Escrituras, 2000. (Coleção Ensaios Transversais).

MARCONI, M. A.; LAKATOS, E. M. Metodologia científica. 3. ed. São Paulo: Atlas, 2000.

MATIOLO, A.; MORO, C. C. Ensino de ciências na oitava série do ensino fundamental: uma questão a ser analisada. In: ENCONTRO REGIONAL SUL DE ENSINO DE BIOLOGIA, 2., 2006, Florianópolis. Disponível em: <http://www.erebiosul2.ufsc.br/

trabalhos_2arquivos/paineis%20ensinodecienciasnaoitava.pdf>. Acesso em: 4 jul. 2010.

MEGID NETO, J.; FRACALANZA, H. O livro didático de ciências: problemas e soluções. Ciência e Educação, Bauru, v. 9, n. 2, p. 147-157, 2003. Disponível em: <http://www.scielo.br/pdf/ciedu/v9n2/01.pdf>. Acesso em: 20 mar. 2010.

MORAN; J. M.; MASETTO, M. T.; BEHRENS, M. A. Novas tecnologias e mediação pedagógica. 15. ed. Campinas: Papirus, 2009.

MOREIRA, M. A.; OSTERMANN, F. Sobre o ensino do método científico. Caderno Catarinense do Ensino de Física, Florianópolis, v. 10, n. 2, p. 108-117, ago. 1993. Disponível em: <http://www.fsc.ufsc.br/cbef/port/10-2/artpdf/10-2.pdf#page=8>. Acesso: 20 mar. 2010.

NÉBIAS, C. Formação dos conceitos científicos e práticas pedagógicas. Interface: Comunicação, Saúde, Educação, Botucatu, v. 3, n. 4, p. 133-140, fev. 1999. Disponível em: <http://www.interface.org.br/revista4/debates2.pdf>. Acesso em: 29 jul. 2010.

NÉRICI, I. G. Didática geral dinâmica. 6. ed. São Paulo: Atlas, 1981.

_____. Metodologia de ensino: uma introdução. 4. ed. São Paulo: Atlas, 1992.

OLIVEIRA, S. L. Tratado de metodologia científica: projetos de pesquisas, TGI, TCC, monografias, dissertações e teses. São Paulo: Pioneira, 1997.

OLIVEIRA NETTO, A. A. Metodologia da pesquisa científica: guia prático para a apresentação de trabalhos acadêmicos. 2. ed. rev. e atual. Florianópolis: Visual Books, 2006.

OLIVEIRA, O. B.; BARRA, V. M. Conteúdo, metodologia e avaliação do ensino das ciências naturais: curso de Pedagogia – séries iniciais do ensino fundamental na modalidade de educação a distância. Curitiba: UFPR/Nead, 2002.

PARANÁ. Secretaria de Estado da Educação. Diretrizes Curriculares da Educação Básica: Ciências. Curitiba: 2008. Disponível em: <http://www.diaadiaeducacao.pr.gov.br/diaadia/diadia/arquivos/File/diretrizes_2009/out_2009/ciencias.pdf>. Acesso em: 1º maio 2011.

PEREIRA, P. Pesquisa e formação de professores. In: QUELUZ, A. G. (Org.). Interdisciplinaridade: formação de profissionais da educação. São Paulo: Pioneira, 2000.

PERRENOUD, P. Avaliação: da excelência à regulação das aprendizagens – entre duas lógicas. Porto Alegre: Artmed, 1999.

PRAIA, J.; CACHAPUZ, A.; GIL-PÉREZ, D. A hipótese e a experiência científica em educação em ciência: contributos para uma reorientação epistemológica. Ciência e Educação, Bauru, v. 8, n. 2, p. 253-262, 2002. Disponível em: <http://www2.fc.unesp.br/cienciaeeducacao/include/getdoc.php?id=571&article=201&mode=pdf pd>. Acesso em: 20 mar. 2010.

QUELUZ, A. G. Interdisciplinaridade: formação de profissionais da educação. São Paulo: Pioneira, 2000.

ROSA, P. R. da S. O uso de recursos audiovisuais e o ensino de ciências. Caderno Catarinense do Ensino de Física, v. 17, n. 1, p. 33-49, abr. 2000.

RUIZ, J. A. Metodologia científica: guia para eficiência nos estudos. 6. ed. São Paulo: Atlas, 2008.

RUSSEL, J. B. Química geral. São Paulo: McGraw-Hill, 1986.

SANTOS, A. R. Metodologia científica: a construção do conhecimento. 6. ed. Rio de Janeiro: DP&A, 2006.

SANTOS, A. R. dos R.; MENDES SOBRINHO, J. A. de C. Contextualizando o ensino de ciências naturais nas séries iniciais. In: MENDES SOBRINHO, J. A. de C. (Org.). Práticas pedagógicas em ciências naturais: abordagens na escola fundamental. Teresina: Ed. da UFPI, 2008.

SANTOS, W. L. P. Contextualização no ensino de ciências por meio de temas CTS em uma perspectiva crítica. Ciência e Ensino, v. 1, n. especial, nov. 2007. Disponível em: <http://www.ige.unicamp.br/ojs/index.php/cienciaeensino/article/viewFile/149/120>. Acesso em: 15 maio 2010.

SANTOS, W. L. P.; SCHNETZLER, R. P. Educação em química: compromisso com a cidadania. 3. ed. Ijuí: Unijuí, 2003.

SARRÍA, E. H. G.; SCOTTO, A. L. Alimentos: uma questão de química na cozinha. In: WEISSMANN, H. (Org.). Didática das ciências naturais: contribuições e reflexões. Porto Alegre: Artmed, 1998. p. 185-229.

SCHNETZLER, R. P. Construção do conhecimento e ensino de ciências. Em Aberto, Brasília, ano 11, n. 55, p. 17-22, jul./set. 1992. Disponível em: <http://www.rbep.inep.gov.br/index.php/emaberto/article/viewFile/813/731>. Acesso em: 25 mar. 2010.

SCHNETZLER, R. P.; ARAGÃO, R. M. R. Importância, sentido e contribuições de pesquisas para o ensino de química. In: MORTIMER, E. F. Química: ensino médio. Brasília: Ministério da

Educação, Secretaria de Educação Básica, 2006. p. 158-165. (Coleção Explorando o Ensino, v. 5).

SCHROEDER, E. Conceitos espontâneos e conceitos científicos: o processo da construção conceitual em Vygotsky. Atos de Pesquisa em Educação, Blumenau, v. 2, n. 2, p. 293-318, maio/ago. 2007. Disponível em: <http://proxy.furb.br/ojs/index.php/atosdepesquisa/article/view/569/517>. Acesso em: 3 set. 2010.

SENICIATO, T.; CAVASSAN, O. Aulas de campo em ambientes naturais e aprendizagem em ciências: um estudo com alunos do ensino fundamental. Ciência e Educação, Bauru, v. 10, n. 1, p. 133-147, 2004. Disponível em: <http://www.scielo.br/pdf/ciedu/v10n1/10.pdf>. Acesso em: 20 mar. 2010.

SEVERINO, A. J. O conhecimento pedagógico e a interdisciplinaridade: o saber como intencionalização da prática. In: FAZENDA, I. Didática e interdisciplinaridade. Campinas: Papirus, 1998. p. 31-44. (Coleção Práxis).

SILVA, E. O. Restrição e extensão do conhecimento nas disciplinas científicas do ensino médio: nuances de uma "epistemologia de fronteiras". Investigações em Ensino de Ciências, Porto Alegre: Instituto de Física-UFRGS, v. 4, n. 1, p. 51-72, 1999. Disponível em: <http://www.if.ufrgs.br/ienci/artigos/Artigo_ID47/v4_n1_a1999.pdf>. Acesso em: 14 jul. 2010.

SOUZA, S. M. R. Um outro olhar: filosofia. São Paulo: FTD, 1995.

TEIXEIRA, F. M. Fundamentos teóricos que envolvem a concepção de conceitos científicos na construção do conhecimento das ciências naturais. Ensaio, Belo Horizonte, v. 8, n. 2, p. 121-132, dez. 2006.

Disponível em: <http://www.portal.fae.ufmg.br/seer/index.php/ensaio/article/viewFile/112/163>. Acesso em: 2 abr. 2010.

TOZONI-REIS, M. F. de C. A pesquisa e a produção de conhecimentos. Disponível em: <http://www.acervodigital.unesp.br/bitstream/123456789/195/3/01d10a03.pdf>. Acesso em: 18 maio 2010.

TURRA, C. M. G. et al. Planejamento de ensino e avaliação. Porto Alegre: PUC/Emma, 1975.

VASCONCELLOS, C. S. Avaliação: concepção dialética-libertadora do processo de avaliação escolar. 11. ed. São Paulo: Libertad, 2000. (Cadernos Pedagógicos do Libertad, v. 3).

_____. Intencionalidade: palavra-chave da avaliação. Disponível em: <http://revistaescola.abril.com.br/img/planejamento/celso.doc>. Acesso em: 28 ago. 2010.

# bibliografia comentada...

GIL-PÉREZ, D.; CARVALHO, A. M. P. Formação de professores de ciências: tendências e inovações. 9 ed. São Paulo: Cortez, 2009. (Coleção Questões da Nossa Época, v. 26).

Nesse livro, os autores apresentam textos e discussões que tratam das questões referentes à formação docente para o ensino de ciências.

FAZENDA, I. Didática e interdisciplinaridade. Campinas: Papirus, 1998. (Coleção Práxis).

Nessa obra, a autora apresenta textos e discussões sobre as questões da didática e o papel da interdisciplinaridade na educação.

DELIZOICOV, D.; ANGOTTI, J. A.; PERNAMBUCO, M. M. Ensino de ciências: fundamentos e métodos. 2. ed. São Paulo: Cortez, 2007. (Coleção Docência em Formação).

Os autores apresentam, nessa obra, textos e discussões sobre as práticas educativas e a atuação dos professores de ciências no âmbito das ciências da natureza, privilegiando conteúdos, métodos e atividades que favoreçam o trabalho entre professores e alunos e o conhecimento.

DELIZOICOV, D.; ANGOTTI, J. A. Metodologia do ensino de ciências. São Paulo: Cortez, 1990.

Nesse livro, os autores apresentam textos e discussões referentes ao ensino de ciências nas séries iniciais do ensino fundamental, sugerindo direcionamentos básicos para a integração entre conteúdo e metodologia em sala de aula.

MARCONI, M. A.; LAKATOS, E. M. Metodologia científica. 3. ed. São Paulo: Atlas, 2000.

Nessa obra, as autoras, por meio de textos de fácil compreensão, apresentam uma introdução geral à metodologia científica, enfatizando as diferenças essenciais entre conhecimento científico e senso comum.

OLIVEIRA, O. B.; BARRA, V. M. Conteúdo, metodologia e avaliação do ensino das ciências naturais: curso de Pedagogia – séries iniciais do ensino fundamental na modalidade de educação a distância. Curitiba: UFPR/Nead, 2002.

Esse livro aborda os conteúdos que devem ser trabalhados nas séries iniciais do ensino fundamental, bem como as metodologias de ensino e de aprendizagem das ciências naturais, as quais podem ser adotadas pelos professores em sua ação pedagógica. A obra trata também a questão do processo avaliativo.

PERRENOUD, P. Avaliação: da excelência à regulação das aprendizagens – entre duas lógicas. Porto Alegre: Artmed, 1999.

O autor apresenta, nesse livro, textos que discutem a prática da avaliação em sala de aula.

# respostas...

## CAPÍTULO 1

ATIVIDADES DE AUTOAVALIAÇÃO

[1] b
[2] a
[3] d
[4] b
[5] d

ATIVIDADES DE APRENDIZAGEM

QUESTÕES PARA REFLEXÃO

[1] Nos dias atuais, é cada vez maior a presença da ciência e da tecnologia no cotidiano da população, haja vista que as descobertas da tecnologia implicaram grandes conquistas na área da ciência, facilitando, desse modo, a sobrevivência do homem no seu meio. A ciência foi

progredindo em função das necessidades humanas, e o aperfeiçoamento tecnológico, por sua vez, foi contribuindo para que a ciência se desenvolvesse em busca de atender cada vez mais tais necessidades. Com esse aperfeiçoamento tecnológico, novos materiais e produtos foram descobertos, sendo estes aplicados em várias áreas, como a medicina, a agricultura, a engenharia, os meios de comunicação, entre outras.

[2]
> Química: descoberta da estrutura do átomo; descoberta da radioatividade.
> Física: eletromagnetismo; lei da gravidade; teoria da relatividade.
> Biologia: descoberta da molécula de DNA; descoberta do mecanismo da transmissão de características entre os seres vivos.

CAPÍTULO 2

ATIVIDADES DE AUTOAVALIAÇÃO

[3] d
[4] c
[5] b
[6] d
[7] d

ATIVIDADES DE APRENDIZAGEM

QUESTÕES PARA REFLEXÃO

[1] Para tornar os conteúdos das ciências – Química, Física e Biologia – interdisciplinares, o professor precisa articular os conhecimentos de uma com os das outras. Para tanto, é necessário que ele pesquise, estude e discuta com os professores das áreas em questão como fazer tal processo, visando desenvolver metodologias de ensino-aprendizagem que visem à aprendizagem significativa.

[2] O conhecimento científico pode levar o educando a atuar de forma reflexiva e crítica na sociedade, bem como compreender o mundo em que vive.

CAPÍTULO 3

ATIVIDADES DE AUTOAVALIAÇÃO

[1] d
[2] a
[3] d
[4] d
[5] c

ATIVIDADES DE APRENDIZAGEM

QUESTÕES PARA REFLEXÃO

[1] O professor poderá encontrar dificuldades relacionadas à falta de conhecimento de publicações especializadas para docentes e de materiais didático-pedagógicos e *sites* eletrônicos confiáveis para leitura e reflexão, os

quais podem contribuir para a sua ação pedagógica e formação profissional.

[2] As aulas podem ser mais interativas se houver o desenvolvimento, por parte do professor, de atividades que proporcionem a interação entre professor e aluno e dos alunos entre si. Para tanto, é necessário que o professor articule a teoria e a prática e planeje todas as atividades.

CAPÍTULO 4

ATIVIDADES DE AUTOAVALIAÇÃO

[1] a
[2] b
[3] c
[4] c
[5] d

ATIVIDADES DE APRENDIZAGEM

QUESTÕES PARA REFLEXÃO

[1] A avaliação escolar deve ser contínua para que possa cumprir sua função de auxiliar o processo de ensino-aprendizagem, pois quando a avaliação ocorre dessa forma, feita ao longo de todo o ano, é possível ao professor refletir sobre as estratégias e as metodologias utilizadas em sala de aula, tendo a possibilidade de reformular esses procedimentos.

[2] É interessante que o docente das áreas de ciências da natureza, ao preparar suas avaliações, elabore questões contextualizadas com o cotidiano do aluno, haja vista

que, com essa contextualização, o aluno terá embasamento para interpretar e compreender o que está sendo pedido na questão. Nas questões contextualizadas, o aluno perceberá a inter-relação entre o que está sendo ensinado em sala de aula e os fatos que fazem parte do seu cotidiano. Com isso, o ensino de ciências naturais se torna mais interessante, atrativo e significativo para o seu aprendizado.

# sobre as autoras...

**Diane Lucia de Paula Armstrong** graduou-se no curso de licenciatura e bacharelado em Química (1993) pela Universidade Federal do Paraná (UFPR), especializou-se em Educação Ambiental (2004) pelo Centro Universitário Uninter e, nesse mesmo ano, ingressou no curso de mestrado em Ciência do Solo pela UFPR, obtendo o título de mestre no ano de 2006. Em 2008 e no início de 2010, ministrou aulas no curso de pós-graduação em Metodologia do Ensino de Biologia e Química pelo Centro Universitário Uninter na modalidade de ensino a distância (EaD). Em 2010, ministrou aulas para o curso de Formação Continuada de Professores em Educação Ambiental, na modalidade a distância, pela UFPR. Atualmente, é professora da Faculdade Educacional de Araucária (Facear), atuando no curso de Processos Químicos e Engenharia de Produção, tendo já ministrado aulas no curso de Gestão Ambiental dessa mesma instituição. Atua também como professora de Química no ensino médio nas redes particular e estadual de ensino. É autora do livro *Fundamentos filosóficos do ensino de ciências naturais*, publicado pela Editora Ibpex.

**Liane Maria Vargas Barboza** é graduada no curso de licenciatura e bacharelado em Química (1991) pela UFPR e mestre e doutora na área de Tecnologia de Alimentos por essa mesma instituição. Em 2010, atuou como coordenadora de tutoria do Curso de Aperfeiçoamento em Educação Ambiental/Secad/MEC/UFPR. Atua desde 2007 como professora e orientadora de projetos de ensino de professores de Ciências e Química do Programa de Desenvolvimento Educacional do Governo do Estado do Paraná em parceria com a UFPR. Atualmente, é professora da UFPR, atuando no curso de licenciatura em Química, com as disciplinas de Metodologia do Ensino de Química e Prática de Ensino e Estágio Supervisionado de Química I e II. É autora de livros publicados por várias editoras e pelo MEC.

Impressão: Gráfica Exklusiva
Março/2022